Webクリエイターボックス **Mana**

ほんの一手間で劇的に変わる

HTML&
CSS と
Webデザイン
実践講座

SB Creative

はじめに

「HTMLとCSSの基礎を覚えても、実際にWebサイトを作るとなると手が止まってしまう」
「あのWebサイトのように作りたいけど、どうやって作ればいいのかわからない」

　私が担当しているオンラインスクールの生徒から、こんな声をよく聞きます。彼らの頭の中には作りたいWebサイトの『**具体的なイメージができ上がっている**』にもかかわらず、それを『**実現する方法が見つからない**』のです。

　私は生徒たちに「この表現なら簡単だよ」と解説しながら、ふと昔の自分を思い出していました。私がまだWebサイト制作を学ぶ専門学校に通っていた時のことです。もともとグラフィックデザインを仕事としていた私にとって、Webサイトという媒体は本当に表現が限られたものだと感じていました。

・コンテンツは必ず四角形の中に含める
・四角形を並べてレイアウトを組む
・かっこいい書体は画像にして表示する …

　グラフィックデザインのような自由な表現が難しかったのです。そんな制限のある世界で、私はWebデザインの面白さを感じられず、ただ課題をこなす毎日を過ごしていました。

　そんな時、とあるWebサイトに出会い衝撃を受けました！　そのWebサイトでは、『**四角形からコンテンツがはみ出して表示されていた**』のです！
　「すべて四角形をベースに、その中にコンテンツを入れる」としか習っていなかった私にとって、革新的な構造でした。そして、覚えたての検証ツールを使いながら実装方法を探っていると、そこには見慣れない以下のようなCSSの指定がありました。

`position: absolute;`

　これは、要素の表示位置を『**自由に指定できる**』指定方法です。
　「こんなやり方もあるんだ！」とワクワクしながら、その後さまざまなWebサイトを検証し、Webサイトの表現の幅を広げていきました。あまりCSSが好きではなかった私は、この『**魔法の1行**』がきっかけで自分の世界を変えられたのです。

Webサイトを作る上で、学ぶべきことはたくさんあります。デザインの理論、使いやすさ、アクセシビリティ、読み込み速度、セキュリティなど盛りだくさんです。

それらはもちろん大切ですが、それよりも先に『**自分の思い描いているものを形にする**』という経験をたくさんして欲しいと願っています。その経験が今後のWebサイト制作の意欲を高め、たとえうまくいかないことがあったとしても、あきらめずに余裕を持って解決策を考えていけるようになるでしょう。

新しい知識を覚えることは少し面倒くさく感じるかもしれません。しかし、本来新しい世界を知るということは、とてもワクワクする冒険のはずです。そんな興奮を1人でも多くの人にお伝えしたいと思い、この本が生まれました。

本書は、従来のWebサイト制作の解説書のようにコードを見ながらWebサイトを作っていくものではありません。すでに完成しているWebサイトを見ながら1つひとつのテクニックをひも解くように学んでいくスタイルの本です。

生徒からいただいた「こんな表現をしたい」という声をもとに、活用の幅が広く、実際の制作現場でも需要が高いテクニックを、5つの異なるWebサイトの中にギュッと詰め込みました。

斜めのラインやグラフ、美しいアニメーションなどのWebサイトを彩る装飾、また、より効率よく制作するための記述方法やコツなど一歩進んだ技術が学べます。

「長ったらしいコード」や「偏屈な指定方法」は避けているので、ちょうどHTMLやCSSの基礎学習を終えた方の次のステップとして馴染んでいただけると思います。

さらに、ただ読み進めるだけではなく、各Chapterごとに練習問題やWebサイトのカスタマイズ用のお題も用意しました。実際に手を動かしながら記述したコードがどう反映されるのか確かめてみてください。

私のWebサイト制作の人生がたった1行で変わったように、この本がきっかけでWebサイト制作の魅力にどっぷりとはまっていただけると幸いです。

『**あなたにとっての魔法の1行**』が見つかりますように。

Webクリエイターボックス Mana

INTRODUCTION

ABOUT THE CONTENTS

本書の内容について

　本書は完成している5つのWebサイトを見ながら、そこで使われている1つひとつのテクニックをひも解き学んでいくスタイルです。また、いくつかのChapterの末尾には練習問題やカスタマイズのチャレンジがあり、実務に近いトレーニングができます。HTMLとCSSの基礎を学んだ人たちの次のステップアップにピッタリの内容になっています。

Chapter 2　ランディングページ

レスポンシブWebデザインの詳細設定やフォントの組み合わせ例、知っておくととても便利なアイコンフォントなど学べます。

Chapter 3　ブログサイト

点線や曲線、見出しやリスト、ヘッダー、フッターなどへの細かい装飾。「こんなデザインがしたかった」という細かい表現が学べます。

Chapter 1	Webサイト制作の必携ツール「デベロッパーツール」のことが詳しく学べます。
Chapter 7	Emmet、calc関数、Sassなど、コードの効率的記法が学べます。
Chapter 8	独学で困った際など、Webサイト制作時の問題解決法が学べます。

Chapter 4　コーポレートサイト

JavaScriptライブラリを活用します。グラフや
表など、企業サイトでよく使われるデータの整
理の方法が学べます。

Chapter 6　ギャラリーサイト

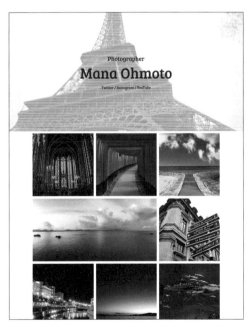

動画、マルチカラム、CSSフィルター、拡大、
ライトボックスなど、よく見るWebの技術を
豊富に学べます。

Chapter 5　イベントサイト

アニメーションやブレンドモードなどユーザー
の心を動かす表現方法や、カスタム変数などの
あらゆるサイトで応用が利く技術を学べます。

CONTENTS

目次

CHAPTER 3

ブログサイトで学ぶ

「装飾とカラムレイアウト」

CHAPTER 4

コーポレートサイトで学ぶ

「表組み、フォーム、JavaScript」

CHAPTER 5

イベントサイトで学ぶ

「特定ページの作り方とアニメーション」

CHAPTER 6

ギャラリーサイトで学ぶ

「動画と画像の使い方」

CHAPTER 7

HTMLやCSSをより早く、より上手に管理できる方法

DOWNLOAD SAMPLE DATA
サンプルデータの使い方

　本書には学習の手助けをするサンプルデータがあります。サンプルデータは以下のURLより
ダウンロードすることができます。

> **URL**　https://isbn2.sbcr.jp/06145/

（　著者より　）

サンプルに収録しているコードは、個人・商用を問わず、自由にご利用いただけます。
ただし、テキスト原稿と画像素材については、本書での学習以外の目的で利用しないでください。また、Font
Awesomeキット IDについてはご自身で登録して利用するものですので、コードを他のWebサイトには使いまわ
さないでください（Font Awesomeを利用する場合はP.070 ～ 071を参考にFont Awesomeのアカウントを登
録し、ご自身のキット IDで制作していただけますと幸いです）。テキスト原稿と画像素材を差し替え、およびご自
身のFont Awesomeキット IDでの利用をしていただければ、オリジナルサイトとして利用していただいてもかま
いません。
なお、Chapter 2～6の章末には練習問題とカスタマイズの節があります。ご自身で問題を解決し作り上げたサイ
トはぜひ、「#WCBカスタマイズチャレンジ」というハッシュタグをつけてTwitterでツイートしてみんなに見て
もらいましょう。作成したWebサイトをサーバーにアップロードして公開してもよいですし、スクリーンショッ
ト画像を添付するだけでもOKです。楽しみにしています！

本書に関するお問い合わせ

この度は小社書籍をご購入いただき誠にありがとうございます。小社では本書の内容に関するご質問を受け付けております。本書を読み進めていただきます中でご不明な箇所がございましたらお問い合わせください。なお、お問い合わせに関しましては下記のガイドラインを設けております。恐れ入りますが、ご質問の際は最初に下記ガイドラインをご確認ください。

ご質問の前に

小社Webサイトで「正誤表」をご確認ください。最新の正誤情報をサポートページに掲載しております。

▶ **本書サポートページ**

 `URL` https://isbn2.sbcr.jp/06145/

上記ページの「正誤情報」のリンクをクリックしてください。なお、正誤情報がない場合、リンクをクリックすることはできません。

ご質問の際の注意点

・ご質問はメール、または郵便など、必ず文書にてお願いいたします。お電話では承っておりません。

・ご質問は本書の記述に関することのみとさせていただいております。従いまして、○○ページの○○行目というように記述箇所をはっきりお書き添えください。記述箇所が明記されていない場合、ご質問を承れないことがございます。

・小社出版物の著作権は著者に帰属いたします。従いまして、ご質問に関する回答も基本的に著者に確認の上回答いたしております。これに伴い返信は数日ないしそれ以上かかる場合がございます。あらかじめご了承ください。

ご質問送付先

ご質問については下記のいずれかの方法をご利用ください。

▶ **Webページより**

上記のサポートページ内にある「この商品に関する問い合わせはこちら」をクリックすると、メールフォームが開きます。要綱に従って質問内容を記入の上、送信ボタンを押してください。

▶ **郵送**

郵送の場合は下記までお願いいたします。

〒105-0001
東京都港区虎ノ門2-2-1
SBクリエイティブ　読者サポート係

■本書で紹介する内容は執筆時の最新バージョンであるGoogle Chrome、Microsoft Edge、Microsoft Internet Explorer（基本非対応。CSSグリッド以外はInternet Explorer 11で確認）、Visual Studio Code、Mac OS 10.14、Windows 10の環境下で動作するように作られています。

■本書内に記載されている会社名、商品名、製品名などは一般に各社の登録商標または商標です。本書中では®、™マークは明記しておりません。

■本書の出版にあたっては正確な記述に努めましたが、本書の内容に基づく運用結果について、著者およびSBクリエイティブ株式会社は一切の責任を負いかねますのでご了承ください。

■本書ではApache License 2.0に基づく著作物を使用しています。

最初に知っておこう！
Web サイトの基本と必携ツール

—

Webサイト制作の世界へようこそ！まずは Webサイト
の基本となる構成のおさらいや、制作するための便利な
ツールの使い方を理解しましょう。なお、本章で解説す
る基礎の部分はもし理解している内容であればどんどん
と読み進めていただいてかまいません。

1-1

CHAPTER

Webページの仕組み

私たちの生活にかかせない存在であるWebページ。あなたの作りたいWebページの完成形を想像しながら、どんな構成で、どういった手順で作られているのかをおさらいしましょう。

WebサーバーとWebクライアント

Webページを表示させるには、**Webサーバー**と**Webクライアント**が必要です。

Webサーバーはコンピューターの1つで、Web上で情報を公開しています。Webサイト上で利用するファイルや画像はWebサーバーの中に保管されています。

Webクライアントはサーバーから情報を受け取るコンピューターです。つまり私たちユーザーが使うものです。Webクライアントが欲しいWebページを「リクエスト（要求）」し、Webサーバーがそれに「レスポンス（応答）」することでWebページを表示します。

例えばWebサイトを閲覧するとき、Webサーバーに「○○のWebサイトが見たい」という要求が送られます。Webサーバーはそれに対して「要求されたWebサイトはこちらです」と応答し、ページが表示される仕組みです。

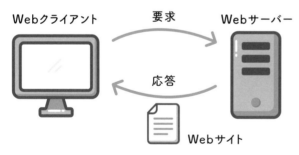

Webクライアント　　要求　　Webサーバー

応答

Webサイト

Webクライアントのリクエスト（要求）に対し、Webサーバーがレスポンス（応答）します。

URL

URL（ユーアールエル）はUniform Resource Locator（ユニフォームリソースロケーター）の略で、Webサイトの固有の住所のようなものです。「http://example.com」や「http://example.com/sample/index.html」というフォーマットで、WebブラウザーのURL入力欄に直接入力すれば、特定のWebサイトに接続できます。

しかし、毎回URLを入力してページを移動するのは不便です。そこでWebページ内のテキストや画像にURLを指定してリンクを貼り、それらをクリックすることで別のWebページに移動できるようにします。これを**リンク**（ハイパーリンク）と呼びます。

Webサイト制作の流れ

Webデザイナーは Web サイトの企画や設計、デザイン、そしてコーディングまでを行います。その手順をおさらいしておきましょう。

01 Webサイトの企画

まずは Web サイトを通じてユーザーに何を提供したいのか、主にどういった人に利用して欲しいのかをまとめます。Web サイトの目的やターゲットユーザーを設定することで、必要なコンテンツの洗い出しやどんな雰囲気のデザインが必要なのかが見えてくるでしょう。

ユーザーに何を提供できるか考える

02 サイトマップの作成

Web サイトの構成を図に書き記したものを「**サイトマップ**」と言います（右図参照）。

必要なページと、それらがどのようにリンクされているのかをまとめます。関連するページをグループ分けし、階層を作ることでユーザーが目的のページを見つけやすくするとよいでしょう。

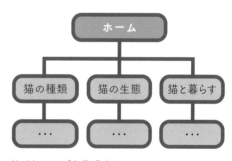

サイトマップを作成する

03 ワイヤーフレームの作成

サイトマップをもとに、必要なページ分の**ワイヤーフレーム**を作ります。ワイヤーフレームは「どこにどんなコンテンツが入るのか」をテキストや仕切り線などの簡素なラインとボックスで作成した Web サイトの設計図です。

ワイヤーフレームをしっかり作っておくことで、コンテンツの優先順位も明確になり、デザインの作業も進めやすくなるでしょう。

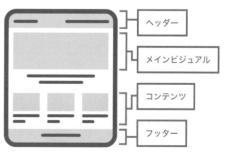

テキストやラインとボックスで作成する

04　デザインの作成

　Photoshop や Illustrator、XD、Sketch などのソフトウェアのデザインツールを使ってWebサイトの制作見本となる「**デザインカンプ**」を作成します。

　デザインカンプを作ることで、最終的なWebページの全体像をイメージしやすくなります。ここで作成したデザインカンプをもとにコーディングの作業を行っていきます。

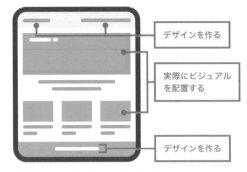

デザインツールを使って作成する

05　コーディングを行う

　HTMLや**CSS**、時には**JavaScript**などを使って、実際にWeb上に表示するファイルを作成します。

　文章や画像も実際に使用するものを用意し、目的のページへのリンクやアニメーションといった動作も実装します。

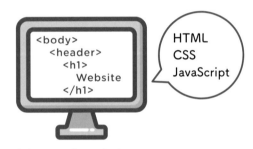

実際にコーディングを行う

06　Web上に公開

　作成したファイルをWebサーバー上にアップロードして公開します。Webサーバーは一般的にサーバー会社からレンタルして利用し、FTPソフトと呼ばれるファイル転送ソフトなどを使ってファイルをアップロードします。

　自分のサイトを持ちWebに公開するならWebサイトの固有の場所を表す**ドメイン**（「〇〇.com」や「〇〇.jp」というもの）も取得しておくとよいでしょう。

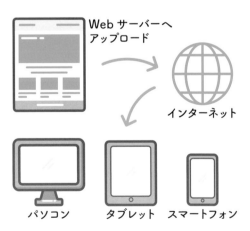

様々なデバイスで見れる

1-2
CHAPTER

HTMLの基礎

HTMLはWebページのコンテンツを構成する言語です。基本的な書き方と、記述する時の注意点をおさらいしておきましょう。

HTMLとは

HTMLとは「HyperText Markup Language（ハイパーテキスト・マークアップ・ランゲージ）」の略で、Webページの土台を作る言語です。

Webページの情報やWebページ上に表示したい文章などを「<」と「>」で挟まれた**タグ**と呼ばれるもので挟んで記述していきます。タグには多くの種類があり、どのタグで挟むかによってその部分の役割が変わります。

HTMLの基本の書き方

各部分の呼び方

```
<a href="index.html">HTMLの基礎</a>
```

例えばこのように記述されていた場合、各部分は以下のように呼ばれます。

記述箇所	呼び方
<a href="index.html">HTMLの基礎</a>	要素
<a href="index.html"> 〜 </a>	タグ
HTMLの基礎	要素の内容
a	タグ名
href	属性
index.html	値

タグで挟む

「<」と「>」で囲まれた最初に書かれるものを**開始タグ**、それに「/」が加えられた、後から書かれるものを**終了タグ**と言います。この開始タグと終了タグは基本的にセットで使われますが、要素によっては終了タグのないものもあります。

半角英数字で書く

タグに全角文字や日本語を使うことはできません。

良い例	悪い例
<p>HTMLの基礎</p>	＜ｐ＞HTMLの基礎＜／ｐ＞

小文字で書く

基本的に大文字と小文字の区別はありません。ただし、HTMLのバージョンによっては小文字で記述する必要があるので、小文字で統一するとよいでしょう。

良い例	悪い例
<p>HTMLの基礎</p>	<P>HTMLの基礎</P>

入れ子にできる

HTMLでは開始タグと終了タグの間に別のタグが入っている、いわゆる「入れ子」状態のももも多くあります。入れ子にする場合は必ず手前にあるタグから順に終了タグを書きます。

良い例	悪い例
<p>HTMLの基礎</p>	<p>HTML</p>の基礎

HTMLファイルの骨組み

HTMLファイルのベース部分はフォーマットがある程度決まっています。それぞれどのような役割をしているのか、以下のサンプルを参照しながらおさらいしましょう。

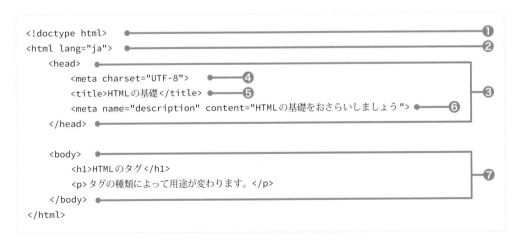

1行目にDoctype宣言をする

<!doctype html>（前ページ❶）は **Doctype（ドクタイプ）宣言** と呼ばれ、そのHTMLファイルがどのバージョンのHTMLで作られているのかを記述します。現行バージョンであるHTML5では <!doctype html> と書きます。終了タグはありません。

すべてのコードを<html>タグで挟む

Doctype宣言のすぐ後に <html> タグを記述（前ページ❷）し、それ以下のコードをすべて囲みます。これはHTMLの文書であるということを表していて、HTMLファイルを作成するときには必ず書きます。**lang属性** はWebページの言語を設定できる属性で、値を「ja」とすることで日本語の文書であることを示せます。

<head>タグにWebページの情報を記述する

<head> タグの中にページのタイトルや説明文、読み込む外部ファイルのリンクなど、ページの情報を記述します（前ページ❸）。<head> タグの中の情報はブラウザー上には直接は表示されません。

文字コードをUTF-8に指定する

<meta charset="UTF-8"> は文字コードの指定です（前ページ❹）。これがないと文字化けしてうまく文字が表示されない場合もあるので、必ず記述します。

<title>タグでページのタイトルを指定する

ページのタイトルを記述します（前ページ❺）。この名前がブラウザーのタブや、ブックマークしたとき、検索した時のページタイトルとして表示されます。

ページの説明文を記述する

<meta> タグのname属性を「description」とすると、続けてcontent属性にそのページの説明文を指定できます（前ページ❻）。ページのタイトルと同様、検索エンジンやSNSでシェアした時などに表示されます。

<body>タグ内のものがブラウザーに表示される

<body> タグ内に書かれたものがWebページの本体部分です（前ページ❼）。ここに記述されたものが実際にブラウザー上で表示されます。

1-3
CHAPTER

HTMLの属性

HTMLタグを補助する属性の使い方をあらためて理解しておきます。より本格的にWebページを作るためにも抜けがないかチェックしておきましょう。

属性とは

　タグによっては、開始タグの中に**属性**を指定してそのタグについての付加情報を書き加えられます。タグ名に続いてスペースを空けてから書いていきます。属性で指定された情報の内容のことを**値**と言います。属性はタグによって違うので注意しましょう。

　例えば<img>タグは画像を挿入するためのタグですが、src属性を使ってファイルパスを、alt属性で代替テキストを指定します。

```
<img src="images/shop.jpg" alt="お店の外観">
```

alt属性で「お店の外観」と代替テキストを指定している

引用符を使う

　属性に値を指定する場合は引用符を使います。引用符は、「 "（ダブルクォーテーション）」、「 '（シングルクォーテーション）」のどちらでも構いません。

良い例	悪い例
<a href="index.html">HTMLの基礎</a>	<a href=index.html>HTMLの基礎</a>

よく使うタグと属性

　よく使うタグは属性とセットで覚えておくと使いやすいです。この他にもさまざまな属性がありますので、確認しておくとよいでしょう[※]。

<a>タグ

属性	意味	例
href	リンク先のURL	<a href="http://example.com">Webサイト</a>

※MDN HTML 属性リファレンス 属性一覧：https://developer.mozilla.org/ja/docs/Web/HTML/Attributes

<img>タグ

属性	意味	例
src	画像のファイルパス	<img src="images/dog.jpg">
alt	何の画像なのかを説明する単語や文章	<img src="images/dog.jpg" alt="公園を走る犬">

<input>タグ

属性	意味	例
type	フォームのパーツにおいて、設置する入力型 text, submit, checkbox, radio, email, url, search, password など	<input type="text">
value	入力欄が現在保持している値	<input type="checkbox" value="checked">
placeholder	<input>タグが空のときに表示するテキストを指定	<input type="email" placeholder=" 例：info@example.com">

グローバル属性

グローバル属性とは、すべてのタグで使える共通の属性です。

属性	意味	例
class	CSSでスタイルを適用するための印として利用。クラス名は同じタグに対して半角スペースで区切り、複数指定できる	<p class="align-center description">クラス名の使い方</p>
id	CSSでスタイルを適用するための印として利用。1つのページ内で同じID名を複数回使用することはできない	<h1 id="heading">ID名の使い方</h1>

　なお、本書はより実践的な内容を目指すため、HTML、CSSの基礎についてはあまり触れていません。

　基礎部分をより詳しく学びたい時は、拙著『1冊ですべて身につくHTML & CSSとWebデザイン入門講座』を参考にしてみてください。上記の本では1つひとつのタグについて、サンプルコードとともに解説しています。これからWebサイトを作り始める初心者がHTML、CSSの基本を学べます。

1-4 CHAPTER

CSSの基礎

Webサイト制作はCSSを使うことでもっと楽しくなります。思わぬミスを防ぐためにも、基本的なルールをおさらいしておきましょう。

CSSとは

CSSとは「Cascading Style Sheets（カスケーディング・スタイル・シート）」の略で、Webページの見た目を変更するための言語です。HTMLのみでWebページを作ると、背景は白、文字は黒、コンテンツは上から順に並んだだけのシンプルなものになります。それに色や文字サイズ、レイアウトを加えてオリジナルの装飾を加えるのがCSSです。

CSSの基本の書き方

各部分の呼び方

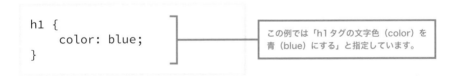

```
h1 {
    color: blue;
}
```

この例では「h1タグの文字色（color）を青（blue）にする」と指定しています。

例えばこのように記述されていた場合、各部分は以下のように呼ばれます。

記述箇所	呼び方
h1	セレクター
{ color: #0bd; }	宣言ブロック
color: #0bd;	宣言
color	プロパティ
blue	値

セレクター

セレクターではどこを装飾するかを指定します。HTMLのタグ名や、クラス名、ID名をここで指定します。

プロパティ

セレクターで指定した部分の何を変えるのかを指定します。プロパティと値の間には「：（コ

ロン）」を書いて区切ります。

値

　値ではどのように変えるのかを指定します。複数のプロパティと値を指定する時は、値の最後に「；（セミコロン）」を加えます。

　これらのセレクター、プロパティ、値を組み合わせて、「どこの、何を、どう変えるか」を指定します。

CSSを書く時のルール

半角英数字で書く

　HTMLと同様、全角文字は使えません。

良い例	悪い例
h1 { color: blue; }	ｈ１ ｛ ｃｏｌｏｒ ： ｂｌｕｅ ； ｝

小文字で書く

　基本的に大文字と小文字の区別はありません。ただし、バージョンによっては小文字で記述する必要があるので、小文字で統一するとよいでしょう。

良い例	悪い例
h1 { color: blue; }	h1 { COLOR: Blue; }

複数のプロパティを指定

　宣言の最後に「；（セミコロン）」を加えてプロパティを区切ることで、複数の装飾を指定できます。

良い例	悪い例
h1 { color: blue; font-size: 20px; }	h1 { color: blue font-size: 20px }（セミコロンがない）

　宣言が1つしかない場合や、一番最後の宣言には「；」は不要です。しかし、実際の作業では編集して後から別の宣言を追加する場合も多くあります。その場合、最後の行にセミコロンがついていないと記述エラーになりやすいため、どの宣言にも「；」をつける癖をつけておくとよいでしょう。

クラスとIDを使った書き方

「class」と「id」はHTMLタグの属性に記述できます。HTMLでクラスやIDを割り振っておき、CSSと紐づけ、その部分だけ装飾を変更できます。

クラスはHTMLファイル内で、任意のタグにclass属性を追記し、クラス名を記述します。CSSファイルには「.（ピリオド）」とクラス名を続けて書き、適用させたいスタイルを書きましょう。

IDを使う場合も考え方はクラスと一緒です。任意のタグにid属性を追記し、ID名を記述します。CSSファイルには「#（ハッシュ）」とID名を書き、適用させたいスタイルを書きます。

例

`HTML` タグ名の後にclassやidを指定

```
<p class="blue">クラスを指定したテキスト</p>
<p id="orange">IDを指定したテキスト</p>
```

`CSS` 「blue」クラスと「orange」IDを指定

```
.blue {
  color: blue;
}

#orange {
  color: orange;
}
```

クラス名とID名のルール

クラス名とID名は自分で決められるので、制作時にわかりやすいものをつけましょう。ただし、いくつかのルールがあり、このルールを守って名前をつけないとCSSが反映されません。

- 1文字目は必ず英字にする
- 空白（スペース）を入れない
- 英数字と「 - （ハイフン）」、「 _ （アンダースコア）」で記述する

日本語のクラス名やID名でも対応されますが、ブラウザーによってはうまく動作しない可能性があります。すべて英数字で記述した方が扱いやすいでしょう。

1つのタグに複数のクラスやIDをつける

クラス名やID名を半角スペースで区切ることで、1つのタグに対して複数のクラスやIDをつけられます。また、クラスとIDを同じタグに記述できます。

HTML 同じタグに複数のクラスを指定

```
<p class="blue center small">複数のクラスを指定</p>
```

> \<p\>タグに「blue」「center」「small」という3つのクラスを記述している

HTML 同じタグにIDとクラスをそれぞれ指定

```
<p id="blue" class="center">IDとクラスを同時に記述</p>
```

> \<p\>タグに「blue」というIDと「center」というクラスを記述している

クラスとIDの違い

同じHTMLファイル内で使用できる回数

　クラスとIDでは、同一HTMLファイル内で使用できる回数が違います。IDはページ内で同じID名を複数回使うことができません。一方、クラスはページ内で何度でも使えます。レイアウトの枠組みなど、どのページでも変わることのない部分にはIDを、ページ内で何度も使う装飾はクラスをと、使い分けるとよいでしょう。

CSSの優先順位

　CSSが適用される優先順位にも違いがあります。例えば同じタグにクラスとIDで違う装飾を指定した場合、IDで指定した装飾のほうが優先されます。

セレクターの指定方法

　セレクターはタグの名前やクラス、ID名だけではなく、その他様々な指定方法があります。

書き方	適用範囲	使用例
タグ名	指定したすべてのタグ	p {color:blue;}
*	すべての要素	* {color:blue;}
.クラス名	クラス名がついている要素	.example {color:blue;}
#ID名	ID名がついている要素	#example {color:blue;}
タグ名.クラス名	クラス名がついている指定タグの要素	p.example {color:blue;}
タグ名#ID名	ID名がついている指定タグの要素	p#example {color:blue;}
タグ名[属性名]	特定の属性を持つ指定タグの要素	input[type] {color:blue;}
タグ名[属性名="属性値"]	特定の属性値を持つ指定タグの要素	input[type="text"] {color:blue;}
セレクター,セレクター	複数のセレクター	div, p {color:blue;}
セレクター セレクター	下の階層の指定要素	div p {color:blue;}
セレクター > セレクター	直下の階層の子要素	div > p {color:blue;}
セレクター + セレクター	直後に隣接している要素	div + p {color:blue;}

CSSを適用させる方法

01 CSSファイルを読み込んで適用させる

「.css」の拡張子がついたCSSファイルを作成し、それをHTMLファイルに読み込ませて適用させる方法です。これが最も一般的な方法です。1つのCSSファイルを複数のHTMLファイルに読み込ませることができるので、CSSを管理しやすく、修正が入った場合も1つのCSSファイルを修正するだけで済みます。

適用方法

HTMLファイルの <head> 内に <link> タグを使ってCSSファイルを指定します。rel属性に「stylesheet」、href属性にCSSファイルのパスを書きます。

```
<!doctype html>
<html lang="ja">
    <head>
        <meta charset="UTF-8">
        <title>CSSを適用させる</title>
        <meta name="description" content="CSSファイルを参照します">
        <link rel="stylesheet" href="css/style.css">
    </head>

    <body>
        <p>コンテンツ</p>
    </body>
</html>
```

02 HTMLファイルの <head> 内に <style> タグで指定する

HTMLファイルの <head> 内にCSSを書いていく方法です。CSSを記述したHTMLファイルでのみ適用され、他のHTMLファイルには反映されません。前の適用方法と違い他のHTMLファイルには反映されないので注意が必要です。特定のページのみ、デザインを変えたいという時に使えます。

適用方法

HTMLファイルの <head> タグ内に <style> タグを追加し、その中に任意のCSSを記述します。

```
<!doctype html>
<html lang="ja">
    <head>
```

chapter1

chapter2

chapter3

chapter4

chapter5

chapter6

chapter7

chapter8

```
        <meta charset="UTF-8">
        <title>CSSを適用させる</title>
        <meta name="description" content="headにCSSを記述します">
        <style>
            p { color: blue; }
        </style>
    </head>

    <body>
        <p>コンテンツ</p>
    </body>
</html>
```

03 タグの中にstyle属性を指定する

　HTMLタグにstyle属性を使って直接CSSを書き込む方法で、そのタグにのみ適用されます。1つひとつのタグに指定するので管理が難しく、手間がかかります。ただ、他の方法で指定するよりCSSを適用させる優先度が高く、CSSを上書きしたい時や一部だけデザインを変更したい時に使えます。

適用方法

　タグの中にCSSを書くときは、各タグの中にstyle属性を使って指定します。セレクターや{ , } の記述は不要です。

```
<!doctype html>
<html lang="ja">
    <head>
        <meta charset="UTF-8">
        <title>CSSを適用させる</title>
        <meta name="description" content="タグにCSSを記述します">
    </head>

    <body>
        <p style="color: blue;">コンテンツ</p>
    </body>
</html>
```

　管理のしやすさを考え、特別な理由がない限りは「**01** CSSファイルを読み込んで適用させる」の方法で制作するとよいでしょう。
　なお、効率的なCSSの管理については本書P.314で解説しています。

1-5
CHAPTER

より管理しやすいCSSについて

この節から少しずつ実践的な内容になってきます。CSSは修正する時のことも考えて、はじめから管理しやすいCSS構造を心がけるとよいでしょう。「半年後の自分が見てもわかりやすい」と思えるコードを目指すのが大事です。

クラス名の付け方

クラス名を考えるとき、どんな名前にすればいいかと悩んでしまいませんか？ Webサイト制作はあとから自分以外の人が修正することも考えられます。ここでは誰が見てもわかりやすく、使い回しやすい名前の付け方を考えてみましょう。

何を表しているか予測できる

クラス名のつけかたのポイントとして、まずそのクラス名からどんな内容や役割を表すのかが明確である点があげられます。最初に無計画なままクラス名をつけていると、コーディングが進むにつれてどれが何を表しているのかまったくわからなくなってしまいます。そのため、名前とその内容が一致するよう考えることが重要です。

わかりづらくなってしまった例として初心者にありがちなのが、数字やアルファベットの連番を使う点があります。連番ではなく、中身の役割を具体的に単語をつなげて表現しましょう。

良い例	悪い例
.gallery-title	.g-t
.page-title, .gallery-title, .post-title	.title1, .title2, .title3

ギャラリーやページのタイトルだとわかる	クラス名が何を表しているかまったくわからない

英単語に統一する

基本的にクラス名は英語の単語で書きます。英語が苦手だからと日本語にしたり、ローマ字読みにしたくなるときもあるでしょう。

もちろん、日本語やローマ字をクラス名に使うことは可能ですが、読みづらい、書きづらい、打ち間違えやすい…というデメリットがあります。さらにエディターによっては日本語のクラス名だと補完機能が利用できないこともあり得ます。最初から英語で統一した方がよいでしょう。

良い例	悪い例
.history	.rekishi
.contact	.お問い合わせ

スペルミスがない

スペルミスがあると、後に別の人が修正する際に該当コードを検索できなかったり、修正漏れが発生することも考えられます。

間違えやすいと思うクラス名は避けて、別の単語にしてもかまいません。また、省略できる単語は省略しましょう。例えば「お気に入り」を表す「favourite」という単語のスペルは、ただでさえ覚えづらいうえにアメリカ英語とイギリス英語でスペルが異なります。筆者の経験上、海外でもこの単語はゆらぎが大きいため、「fav」と短縮して使われることが多いと言えます。

良い例	悪い例
.button	.bottan
.fav	.favarito

COLUMN

—

英単語の省略形

英単語でクラス名を書いていると、やけに長くなったり、スペルが覚えづらいこともあります。そんな時は省略形にすると覚えやすくなります。海外でもよく利用されているので参考にしてみてください。

省略前	省略後	意味
button	btn	ボタン
image	img	画像
picture	pic	画像
text	txt	テキスト
number	num	数、数値
left	l	左
right	r	右
category	cat	カテゴリー
advertisement	ad	広告
description	desc	概要文

省略前	省略後	意味
title	ttl	タイトル
download	dl	ダウンロード
document	doc	文書、ドキュメント
navigation	nav	ナビゲーション
message	msg	メッセージ
information	info	情報
column	col	縦列
previous	prev	前の
favourite	fav	お気に入り

よく使われるクラス名一覧

よく使われているクラス名（単語名）を一覧にしました。簡単な単語が多く、覚えておけばずっと使えるでしょう。使用する際にこのページを開いて該当の単語を見つけ使用してもかまいません。クラス名をつけるときの参考にしてください。

コンテンツ内容

単語	意味
main	メイン、主要コンテンツ
side	サイド、サブコンテンツ
date	日付
profile	プロフィール
user	ユーザー情報
post	投稿や記事
news	お知らせ、最新情報、ニュース
work	実績、作品
service	サービス内容
contact	問い合わせ、連絡
event	イベント、行事
information / info	情報
category	カテゴリー、分類
comment	コメント
shop	店舗情報
history	歴史、沿革
archive	保管、記録
recommend	おすすめ、推奨
related	関連する
result	結果
feature	主要なもの、目玉商品
timeline	年表
download	ダウンロード
gallery	画像一覧
product	製品
faq	よくある質問
recruit / hiring	求人情報
about	紹介、〜について
guide	案内、利用ガイド
favourite / fav	お気に入り

要素を囲むブロック

単語	意味
container	入れ物
wrapper / wrap	包むもの
box	ボックス
content	内容物、コンテンツ
area	範囲
item	項目、アイテム
column / col	縦列

ナビゲーション

単語	意味
navigation / nav	ナビゲーション、メインメニュー
menu	メニュー
tab	タブ、表示切り替えのボタン
breadcrumb	パンくずリスト
pagination	番号付きナビゲーションリンク

メディア関連

単語	意味
image	画像
photo	画像
picture	画像
icon	アイコン
thumbnail / thumb	縮小画像、サムネイル画像
logo	ロゴ画像
map	地図
video	動画
chart	グラフ
advertisement	広告
document	文書、ドキュメント

テキスト関連

単語	意味
title	タイトル
heading	見出し
description	概要文
text	文章、テキスト
caption	画像の補足文章、キャプション
list	一覧、リスト
copyright	著作権表示

フォーム関連

単語	意味
label	ラベル、項目名
button / btn	ボタン
login / signin	ログイン
logout /signout	ログアウト
message	メッセージ

形や位置を表す

単語	意味
small	小
medium	中
large	大
right	右
left	左
top	上
bottom	下
middle	真ん中
round	丸みのある
circle	円
rectangle / rect	長方形、四角
square	正方形、四角
reverse	反転、反対の
next	次の
previous / prev	前の

状態を表す

単語	意味
success	成功
alert	注意
error	エラー、失敗
danger	警告
warning	警告
overlay	上にかぶせる
current	現在の
active	有効になっている
disabled	無効
show	見せる
hide	隠す
open	開く
close	閉じる
loading	読込中
fixed	固定した

　用途によってはこれらの単語を組み合わせてもよいでしょう。例えば画像を掲載している箇所には「.gallery」、その中の1つひとつの項目は「.gallery-item」、画像のタイトルには「.gallery-title」という形で指定していきます。

1-6

CHAPTER

JavaScriptの読み込みの仕方

JavaScriptを使うことで、Webページはより華やかに、機能的に仕上がります。
まずはJavaScriptとは一体なんであるのかを理解しておきましょう。

JavaScriptとは

JavaScriptはWebページにさまざまな機能を加えられるプログラミング言語です。そう聞くと少し難しく思えてきますが、JavaScriptは私たちの身近なところで活躍しています。

例えばWebサイト版のTwitterで新しいツイートを作成するとき、回りの画面が少し暗くなって、**モーダルウィンドウ**と呼ばれる小さなパネルが浮いているように表示されます。これもJavaScriptによって実装されている機能です。

回りの画面が少し
暗くなった

よく見かけるモーダルウィンドウもJavaScriptで動作しています。
https://twitter.com/

JavaScriptでできることの例
- フォームに正しい形式のメールアドレスを記入しているかチェックする
- スクロールに合わせて画像を動かす
- 入力途中の検索ワードからよく検索される単語を先に表示する
- コンテンツを読み込んでいるときにローディング画面を表示する
- ドラッグ＆ドロップでファイルをアップロードする

このように、いつも何気なく見ているWebサイトでも当たり前のように使われているのがJavaScriptです。もはやJavaScriptを使っていないWebサイトの方が珍しいかもしれません。

＊よく似た名前のプログラミング言語に「Java」がありますが、JavaとJavaScriptは別の言語です。混同しないようにしましょう。

JavaScriptを記述する

HTMLファイル内に記述する

JavaScriptはWebブラウザーで動作するので、HTMLファイルに直接記述できます。その場合は<script>タグで囲み、その中にJavaScriptのコードを記述します。基本的に<script>タグはHTMLファイルのどこに書いてもかまいません。以下の例では<body>タグ内に記述しましたが、<head>タグ内でも動作します。

▶ デモファイル chapter1/06-demo1/index.html

```
<!DOCTYPE html>
<html lang="ja">
    <head>
        <meta charset="utf-8">
        <title>JavaScriptテスト</title>
    </head>
    <body>
        <script>                                        ─┐
            alert('JavaScriptを試してみましょう！');       ├─ 記述
        </script>                                        ─┘
    </body>
</html>
```

別のファイルに記述する

「.js」という拡張子をつけてJavaScriptのファイルを作成できます。作成したJavaScriptファイルは、HTMLファイル内に<script>タグを使って読み込めます。

HTMLファイル内に記述するのと違い、JavaScriptのファイルには<script>タグは不要です。コンテンツ内容を記述するHTMLと、動作に関する記述をするJavaScriptのファイルを分けることで、より管理しやすくなるでしょう。

▶ デモファイル chapter1/06-demo2/index.html

```
<!DOCTYPE html>
<html lang="ja">
    <head>
        <meta charset="utf-8">
        <title>JavaScriptテスト</title>
    </head>
    <body>
        <script src="script.js"></script>  ─── 記述
    </body>
</html>
```

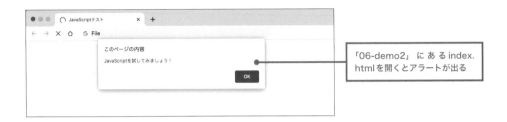

chapter1/06-demo2/script.js

```
alert('JavaScriptを試してみましょう！');
```

「alert();」という命令文は画面上に警告パネルを表示する

このページの内容
JavaScriptを試してみましょう！
OK

「06-demo2」にあるindex.htmlを開くとアラートが出る

COLUMN

—

英単語をつなげるときの書き方

　複数の英単語をつなげてクラス名として表現することが多々あります。そんなときは英単語をどうやって組み合わせて書くのでしょうか？ 一般的に使われている書き方と、その呼び方も覚えておきましょう。なお、この書き方と呼び方はHTML/CSSに限らず、他のプログラミング言語でも共通です。

呼び方	書き方	例
ケバブケース / ハイフンケース	単語の間をハイフンでつなぐ	.main-color
スネークケース	単語の間をアンダースコアでつなぐ	.main_color
キャメルケース / ローワーキャメルケース	2つめ以降の単語の頭文字を大文字にする	.mainColor
パスカルケース / アッパーキャメルケース	すべての単語の頭文字を大文字にする	.MainColor

　本書ではケバブケースを採用していますが、どの書き方がベストだという答えはありません。ただ、同一Webサイト内で異なる書き方が混在していると読みづらく管理しにくくなります。コーディングを始める段階で、どの書き方にするか統一させるとよいでしょう。

1-7 ブラウザーによる見え方の違い

CHAPTER

特定のブラウザーで見ないとうまく表示できないWebサイトはユーザーにとって大変不便な存在です。どのブラウザーでもきちんと表示されるようにそれぞれの違いを把握しましょう。

ブラウザーの種類

　Webページを閲覧するためのWebブラウザーは多くの種類があり、基本的にどのブラウザーで閲覧してもきちんと表示させるのがWebデザイナーの仕事です。現在、主に使われているブラウザーは**Google Chrome（Chrome）**、**Safari**、**Internet Explorer（IE）**、**Firefox**、**Microsoft Edge（Edge）** などでしょう※。

　2019年11月から2020年11月の日本国内で使われているブラウザーはGoogle Chromeが47.42%で首位に立っています。モバイルやタブレットでの使用が多いSafariは2位の31.15%です。

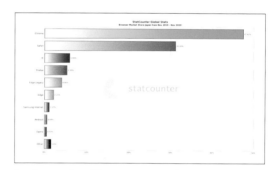

StatCounter…http://gs.statcounter.com/

各ブラウザーで見え方を確認しよう

　プロパティによっては特定のブラウザーでの表示に対応していないものもあります。また、それぞれのブラウザーはデフォルトで独自のCSSが適用されています。これらの影響でブラウザーごとに違った表示になっていないか確認しましょう。

　まずは各ブラウザーのデフォルトCSSがどう適用されているのか見てみましょう。余白やフォント、フォームのスタイルなど、それぞれに違いがあることがわかります。

　なお、ブラウザー自体はどれも無料で提供されているので、Webの検索サイトやスマートフォンのアプリストアで各アプリケーションを検索し、あらかじめインストールをしておくとよいでしょう。

※Safariは Apple社が開発しているブラウザーなので、iPhoneやiPad、MacなどのApple製品でしか利用できません。マイクロソフト社の開発しているInternet Explorerは順次サポートの終了が予定されており、同社はMicrosoft Edgeの利用を推奨しています。

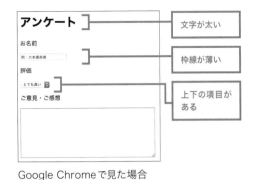

Google Chromeで見た場合

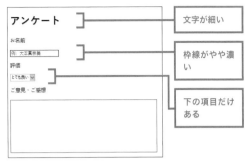

Microsoft Edgeで見た場合

デフォルトCSSをリセットしよう

作成したCSSファイルはデフォルトのCSSを上書きする形で適用されます。そのため、場合によってはブラウザーごとに見え方が変わってきてしまいます。

そこで**リセットCSS**を使って、ブラウザーがデフォルトで適用しているCSSを打ち消し、違うブラウザーで見ても同じ表示になるよう設定します。

リセットCSSを適用する方法

リセットCSSは自分で作成してもかまいませんが、外部のWebサイトで公開されているCSSファイルを利用すると便利です。本書では**Destyle.css**というファイルを利用します。最新のWebサイト制作の環境に合わせて、デフォルトで指定されているすべてのスタイルをリセットします。

Destyle.css

Opinionated reset stylesheet that provides a clean slate for styling your html.

- ☑ Ensures consistency across browsers (thanks <u>normalize.css</u>)
- ☑ Resets spacing (margin & padding)
- ☑ Resets font-size and line-height
- ☑ Prevents the necessity of reseting (most) user agent styles
- ☑ Prevents style inspector bloat by only targeting what is necessary
- ☑ Contributes to the separation of presentation and semantics
- ☑ Works well with all kind of styling approaches, atomic libraries like <u>tachyons</u>, component based styling like css-in-js in <u>React</u>, good 'ol css, …

Destyle.css…https://nicolas-cusan.github.io/destyle.css/

適用の仕方はHTMLファイルの「head」内に「Destyle.css」を読み込ませます。Destyle.cssのファイルをダウンロードして読み込ませてもよいのですが、Web上に公開されている「https://unpkg.com/destyle.css@1.0.5/destyle.css」を直接読み込ませれば楽に適用されます（※Web上に公開しているCSSファイルは、インターネットに接続されていないと読み込まれません。）。

```
<link rel="stylesheet" href="https://unpkg.com/destyle.css@1.0.5/destyle.css">
```

なお「head」内に読み込ませる時は、その記述する順番に気をつけましょう。CSSファイルは記述された順に読み込まれるため、先に自作のCSSを記述すると、後から書かれたDestyle.cssですべてがリセットされてしまいます。必ず最初にDestyle.cssを書き、その下に自作のCSSファイルを書きましょう。

悪い例：リセット CSS が後に書かれている

```html
<head>
    <meta charset="utf-8">
    <title>リセットCSS</title>

<!-- CSS -->
    <link href="css/style.css" rel="stylesheet">
    <link rel="stylesheet" href="https://unpkg.com/destyle.css@1.0.5/destyle.css">
</head>
```

良い例：最初にリセット CSS が書かれている

```html
<head>
    <meta charset="utf-8">
    <title>リセットCSS</title>

<!-- CSS -->
    <link rel="stylesheet" href="https://unpkg.com/destyle.css@1.0.5/destyle.css">
    <link href="css/style.css" rel="stylesheet">
</head>
```

その他の代表的なリセットCSS

「Destyle.css」以外にもリセット CSS は公開されています。違いを確認してみてください。

- **Eric Meyer's Reset CSS**…https://meyerweb.com/eric/tools/css/reset/
  すべてのスタイルをリセットさせるリセット CSS
- **Normalize.css**…http://necolas.github.io/normalize.css/
  一部のスタイルは残して表示を統一させるリセット CSS

HTMLタグ、CSSプロパティのサポート状況を確認

　Webページを制作する段階で、HTMLタグやCSSプロパティがどのブラウザーのどのバージョンに対応しているのか確認しておくとよいでしょう。そうすることで後から異なるブラウザーで確認した時の差異を少なくし、修正工程を減らせます。

Can I use…

　「Can I use…」はHTMLやCSS、JavaScriptなどのブラウザー対応状況が確認できるWebサービスです。使い方は上部に表示されている「Can I use」に続いて、確認したいHTMLタグやCSSプロパティを入力しましょう。

Can I use... …https://caniuse.com

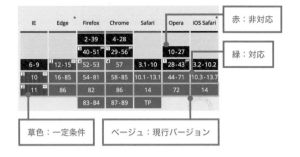

赤：非対応
緑：対応
草色：一定条件
ベージュ：現行バージョン

> CSSグリッドの対応状況がわかる。ベージュの帯がついている数字が現行のバージョン。
> 緑で塗られたバージョンは検索したタグやプロパティに対応されており、赤い色は非対応。草色の部分は一定の条件があるので、ページ下部の指示を確認する。

ベンダープレフィックスとは

「Can I use...」で対応状況を確認すると、草色で塗られた部分にハイフン「-」がついているものが表示されています。これは「ベンダープレフィックスが必要です」という合図です。**ベンダープレフィックス**とは、ベンダー接頭辞とも呼ばれ、ブラウザーの製造元（ベンダー）が草案段階の仕様を先行で実装する時に、独自の拡張機能として実装するためにつける識別子です。CSSプロパティの場合はプロパティの前にブラウザーごとに用意されているベンダープレフィックスを記述します。

例えば要素にマスクをかけて表示するためのclip-pathプロパティは、現在のSafariではベンダープレフィックスを使用しないとうまく実装できません。そこでプロパティの先頭にSafariのベンダープレフィックスである「-webkit-」をつけることで対応します。

主要ブラウザーのベンダープレフィックス

ベンダープレフィックス	対応ブラウザー
-webkit-	Google Chrome, Safari, Opera, Microsoft Edge
-moz-	Firefox
-ms-	Internet Explorer
-o-	古いバージョンのOpera

```
img {
  -webkit-clip-path:  circle(50px);
}
```
ベンダープレフィックス

ベンダープレフィックスなしの指定も併記

現状ベンダープレフィックスを付けないと動作しないプロパティも、今後のブラウザーのバージョンアップでベンダープレフィックスが不要となることもあります。その時のためにベンダープレフィックスのない指定を併記しておくとよいでしょう。

```
img {
  -webkit-clip-path:  circle(50px); /* Safari向け表記 */
  clip-path:  circle(50px); /* 標準の書き方 */
}
```
ベンダープレフィックスありとなし、両方の指定を併記しておく

1-8 CHAPTER

デベロッパーツールを使いこなす

Webサイト制作をする上で必携とも言えるのがGoogle Chrome（以下Chrome）のデベロッパーツールです。本節で詳しく紹介していきますので、効率よく制作をするためにも、使い方に慣れておきましょう。

デベロッパーツールとは

デベロッパーツールとは、Chromeに標準搭載されているWebサイトの構成やCSSの検証をするためのツールです。気になるWebサイトがどんな作りになっているかの確認をしたり、制作中のWebページのコードを書き換えてテストするといったことも可能です。様々な便利な機能がありますが、ここではWebサイト制作の上で必要な機能に絞って紹介します。

デベロッパーツールの基本的な使い方

まずはChromeでデベロッパーツールを起動してみましょう。Chromeを立ち上げたらWebページ内のどこでもよいので右クリックし、「検証」を選択します。

すると、右図のようにパネルが表示されます。これがデベロッパーツールです。

表示は英語だらけですが、必要な箇所に絞って見ていけば次第に使い慣れてきます。

 POINT

デベロッパーツールはショートカットキーでも起動できる。Macは Shift + ⌘ + C キー、または、Option + ⌘ + I キー。Windowsは Ctrl + Shift + I キーまたは、F12 で使用できる。

最初に使うのは左側の「Elements」タブと右側の「Styles」タブです。はじめのうちはこの2つをメインで見ていくことになります。「Elements」タブではHTMLが❶、「Styles」タブではCSSが表示されます❷。

まずパネルの左上にある四角と矢印のアイコンをクリックします❸。その後、画面上の検証したい箇所をクリックします❹。すると「選択モード」になり、その要素のHTMLと、適用されているCSSが表示されます❺。

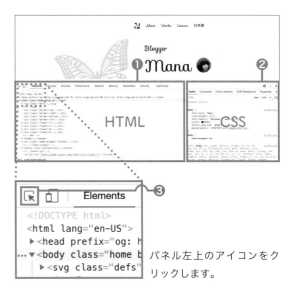

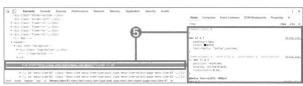

パネル左上のアイコンをクリックします。

検証したい箇所をクリックします。範囲が薄い青色で表示されます。

「Elements」タブでは検証箇所が青色で表示され、「Styles」タブではその部分に適用されているCSSが表示されます。

WebページのHTMLを確認する

「Elements」タブからHTMLを確認してみましょう。子要素がある場合は「▶」の印で折り畳まれているので、「▶」をクリックして展開できます。これで要素を細かく検証できます。

```
▼<ul> == $0
 ▼<li id="menu-item-81" class="menu-item menu-item-type-post_type
 menu-item-81">
   ▼<a href="http://www.webcreatormana.com/about/">
      "About"
      ::after          クリックして展開
   </a>
 </li>
```

「▶」をクリックして展開します。

🏅 POINT

Macなら option キー、Windowsなら alt キーを押しながら「▶」をクリックすると、中にある子要素すべてを展開できます。

デベロッパーツール上でHTMLを編集する

　テキストやタグ、クラス名、ID名などは「Elements」タブの該当箇所をダブルクリックすると編集することができます。リアルタイムで変更が反映されるので、別のテキストに変えるとどう見えるのか検証したい時に使えます。

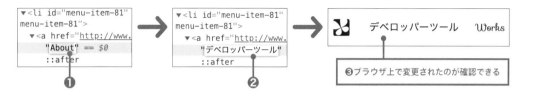

ナビゲーションの「About」をダブルクリックしてテキストを選択します❶。好きなテキストを入力することができるようになるので、ここでは「デベロッパーツール」と入力し、enter キーで確定します❷。入力したテキストがそのまま反映し、リアルタイムで確認することができます❸。

新しいクラス名を追加する

　要素を選択している状態で、デベロッパーツールの「Styles」タブの右上にある「.cls」をクリックすると、「Add new class」という入力欄が表示されます。そこへ追加したいクラス名を入力し、Enter キーを押すと、要素に新しいクラスが追加されます。

.cls ボタンをクリックし、入力欄を表示させます。

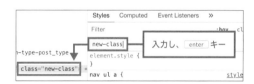

クラス名を入力し、Enter キーで反映させます。

HTMLコード全体を編集する

　クラス名やテキストだけではなく、選択している要素周辺をまるごと編集することもできます。

　「Elements」タブから編集したい要素を選択し、右クリックしましょう。「Edit as HTML」を選択すると要素を直接編集できるようになります。他の要素を追加したり、記述を大きく変更したい時に使えます。

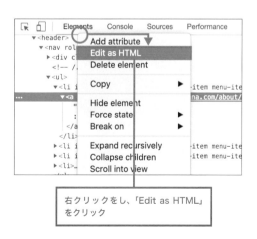

```
▼<ul>
  ▼<li id="menu-item-81" class="menu-item menu-item-type-post_type menu-item-object-page
  ▼
    <a href="http://www.webcreatormana.com/about/" class="new-class">About</a>
```

選択した要素が入力欄の中に表示され、直接編集できるようになりました。

Webページのcssを確認する

HTMLを確認したときと同じように、デベロッパーツールの左上の四角と矢印のアイコンから検証したい要素を選択すると、「Styles」タブにその箇所に適用されているCSSが表示されます。

上記の例だと「nav ul a」に対して右のCSSが加えられているのがわかります。

```
nav ul a {
    padding: 5px;
    color: #333;
    font-family: 'Sofia',cursive;
}
```

具体的なCSSの記述箇所をチェック

「Styles」タブのCSSが書かれている部分の右側には、その記述がされているCSSのファイル名と行数が表示されています。制作中のCSSファイルの中でどこを編集すればよいのか悩んだことはありませんか？ そんな時はこのデベロッパーツールを使って編集したい箇所を検証できます。ファイル名と行数をチェックして、該当箇所を見つけ編集すればいいわけです。

この部分は「style.css」ファイルの「8行目」に記述がされているということがわかります。

CSSのエラーを教えてくれる

　検証した際、プロパティの横に三角の注意アイコンが表示されることがあります。これは記述のエラーで、スタイルが適用されていないという表示です。

　なぜか記述したCSSが適用されていないという時も、慌てず、このようにデベロッパーツールで検証しましょう。「スペルミスはないか？」「正しいプロパティと値が記述されているか？」再度確認してみましょう。

この例だと「padding」のスペルを間違えていることがわかります。

打ち消し線の意味

　「Styles」タブで表示されるCSSの一部に三角の注意アイコンがないにもかかわらず、打ち消し線がついている場合があります。

　これはなんらかの理由でそのCSSが適用されていないという意味です。多くの場合、その要素にプロパティの指定が複数あり、優先順位が低いため適用されていないことがあります。

　右の例だと287行目で指定した「margin: 5px 0;」が打ち消されています。これは958行目にあるメディアクエリーで指定した「margin: 0px 10px;」の方が優先順位が高いため、前者が適用されていません。CSSではファイル内で下の方に書かれている指定のほうが優先されます。

スタイルを非表示にする

　「Styles」タブに表示される各プロパティの左側にチェックボタンがあります。ここでチェックを外すとそのスタイルを非表示にすることができます。

　何か表示がおかしい時、どの記述が悪さしているのかを検証する時に使ってみてください。もしチェックを外してエラーが直ったなら、原因はその部分になります。

チェックボタンをオン・オフしてWebサイトの見え方を確認できます。

デベロッパーツール上でCSSを編集する

　デベロッパーツールではどんなCSSが当てられているかを確認するだけでなく、実際に編集してどう変化するのかを確認できます。今までの手順通り、検証したい箇所をクリックして「Styles」タブを表示させた後、値が書かれている部分をクリックすると入力できるようになります。例えば色やフォントの指定を変えたらどう見えるかの検証でも使えます。

　ただ、一番使えるのは数値の微調整です。「margin」や「padding」、位置等、細かく指定する必要がある時はCSSファイルを編集してプレビューを見て…と繰り返すよりも、デベロッパーツールで値を変更しながら確認するとスピードが早く楽です。なお、数値は上下キーで1ずつ変更できます。

文字色を変更した所。CSSの編集はリアルタイムで反映されるので、微調整に使えます。

スタイルを追加する

　検証した要素に新たにスタイルを追加することもできます。「Styles」タブで表示されるCSSの閉じカッコの右あたりをクリックするとプロパティを直接入力できるようになります。ここからプロパティと値を追加しましょう。

入力予測もしてくれるので、スペルミスを防げる

hoverしている時の検証や編集をする

　要素にマウスカーソルを合わせたとき（＝hoverしている時）用のスタイルを確認したり、編集することも可能です。

　右上の「:hov」をクリックすると、:active、:hover、:focus、:visited、:focus-withinの項目が表示されます。hoverしている時の検証には「:hover」にチェックを入れましょう。チェックを入れるとその要素の状態に合わせて検証したり、スタイルを編集したりすることが可能です。

検証しづらいhover時の挙動がわかりやすくなります。

別のデバイスサイズで検証する

デベロッパーツールではモバイルサイズでどう見えるのかも検証できます。検証するための四角と矢印のアイコンのすぐ右横にある、2つの四角が重なったようなアイコンをクリックして表示を変更してみましょう。すると様々なデバイスが表示され、デバイス名をクリックすると、他のデバイスのサイズも確認できるようになります。

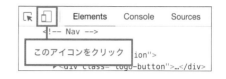

なお、モバイルサイズだと表示が縦長になるので、デベロッパーツールのレイアウトを変更するとより見やすくなります。レイアウトの変更はデベロッパーツールのパネル右上にある3つのドットをクリックして、「Dock Side」から変更しましょう。「Dock to left（左側）」、「Dock to bottom（下側）」「Dock to right（右側）」の他、「Undock into separate window」でブラウザーの画面から切り出して表示させることもできます。

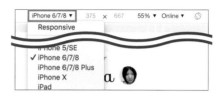

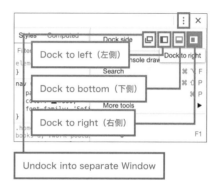

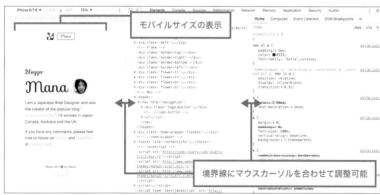

「Dock to right」に設定した状態。モバイルサイズに合わせて縦長になり画面が見やすく、使いやすくなりました。画面のレイアウトは境界線へマウスカーソルを合わせてドラッグすることでも調整することができます。

デベロッパーツールで編集したスタイルを保存するには

デベロッパーツールはあくまで検証のためのツールなので、ページを再度読み込むと編集したスタイルはリセットされてしまいます。そのため、デベロッパーツールで作成したスタイルはその都度CSSファイルにコピー＆ペーストして保存する必要があります。「Styles」タブのCSSは通常のテキストと同様、ドラッグして選択、コピーが可能なので、検証し調整し終わったテキストは忘れずCSSファイルに保存しましょう。

chapter1
chapter2
chapter3
chapter4
chapter5
chapter6
chapter7
chapter8

1-9

CHAPTER

次章以降で学ぶこと

本章ではHTMLとCSSの基礎のおさらいとデベロッパーツールの使い方を学びました。次章からは本書の骨子となる実践に入っていきます。学習の方法は大きくここで紹介する3つのSTEPの通りです。

STEP1　デモサイトを確認する

　本書ではランディングページ、ブログサイト、企業サイト、イベントサイト、ギャラリーサイトと、たくさんのサイトで使われており、高い需要がある『5つの異なるジャンルのデモサイト』をご用意しました。

　各ジャンルのポイントを絞ってコーディングの解説をしています。テキストエディターでファイルの内容を確認しつつ、学んでいくとよいでしょう。

Chapter2で学べるランディングページ。

STEP2　デベロッパーツールを使う

　前の項目で紹介したデベロッパーツールを使ってコードを確認してみてください。「Styles」タブのチェックボタンをオン・オフしたり、直接CSSを書き換えて見え方を検証したりすることで、サイトの構成を細かく確認できます。

　英語だらけで、最初のとっかかりが難しいデベロッパーツールですが、何度も使っていけば、慣れてきます。

デベロッパーツールは武器になります。

STEP3　練習問題を解き、カスタマイズする

　できあがっているデモサイトをテキストエディターを使って書き換えてみましょう。自分好みにするにはどこをどう変えればよいのか、要素を増やしたり、減らしたりすると、どう変化するのか見えてきます。

　HTMLやCSSを覚えるには、実際に使ってみることが一番の近道です。コードを自分のものにするためにも、ぜひ手を動かして学習を行ってください。

Chapter2をカスタマイズした例です。

「レスポンシブ Web デザインとフォント」

—

シンプルな 1 ページ構成のランディングページは、キャンペーンや自己紹介のサイトなどにも多く利用されています。レスポンシブ Web デザインでスマートフォンにも対応させ、見やすさだけではなく、使い勝手も考えながら作っていきましょう。

2-1
CHAPTER

作成するランディングページの紹介

縦に長く、スクロールすると下のコンテンツが表示されていくシングルページ構成のWebサイトの作成方法を解説します。大きな画像をメインにWebフォントやスクロールスナップ機能を使います。

全画面の背景画像を使う

各エリアで表示領域いっぱいに広がるよう、大きな画像を配置します。画像を大きく使うことで、Webサイトを通して伝えたいことを視覚的に訴え、インパクトのあるデザインに仕上がります。

アイコンフォント
を使う

アイコンは画像でも表示できますが、アイコンフォントを使えば簡単なコーディングだけでアイコンを表示できます。アイコンに色をつけたり、サイズの変更もCSSのみでカスタマイズできます。

かっこいいフォントを使う

すべての環境で同じようにフォントを表示させるため、Googleフォントのサービスを使って見出しをかっこよく装飾しましょう。

メディアクエリーでスマートフォンでの閲覧に対応させる

異なるデバイス幅に対応させるメディアクエリーの使い方をおさらいします。最適なブレークポイントについても考えていきましょう。

表示領域にピタッと移動する

次のエリアにスクロールして推移する際、エリアの境界部分でピタッとスクロールをストップさせます。これまではJavaScriptで実装していた動きですが、ここではCSSのscroll-snapプロパティで実装する方法を紹介します。

画面にフィットするようにピタッと移動

フォルダー構成

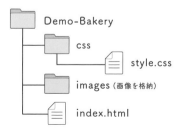

2-2

CHAPTER

シングルカラムのレイアウトとは

レイアウトを組むとき、縦に並んだ列のことを「カラム」と言い、このカラムをベースに垂直方向に区切って組まれたレイアウトのことを「カラムレイアウト」と呼びます。

シングルカラムのメリット

シングルカラムとは、複数のカラムを採用せず、1つのカラムのみで作成されたレイアウトのことです。シングルカラムのメリットを見ていきましょう。

レスポンシブ対応が容易

スマートフォンが普及する前のPC向けのWebサイトが主の時代は、マルチカラムと言って複数のカラムでレイアウトを組むことが主流でした。しかし昨今ではWebサイトを閲覧するのはPCだけではありません。スマートフォン、タブレットなど、さまざまなデバイスで閲覧します。

レイアウトが複雑になりがちなマルチカラムよりも、シングルカラムとして作成しておくと、デバイスによる表示の差が少なく、設計もしやすくなるメリットがあります。

スマートフォンでもPCでも、コンテンツ内容や順序を変更することなく表示できます。

スマートフォン　　　　　　**PC**

コンテンツに集中しやすい

マルチカラムだと掲載できる情報が増える分、ユーザーの目線の移動が増えます。コンテンツを見る際の集中力が散漫になりがちになるのです。

しかし、シングルカラムだと必要な情報をコンパクトにまとめられます。ユーザーの目線を訴求したい場所を集中させ、ポイントをしっかりと伝えられるようになります。また、シングルカラムだと表示領域を最大限に活用できるため、画像や動画を大きく打ち出したり、余白をたっぷりと使用できます。つまり、ユーザーに注目される印象的なデザインが実装しやすくなります。

シングルカラムの注意点

情報量が多い場合は設計が難しい

シングルカラムだと一度に表示できる情報量が限られるため、掲載するコンテンツの数が多い場合は不向きです。

ショッピングサイトやギャラリーサイトなど、一度に多くのアイテムを一覧表示したい場合や、ニュースサイトやブログサイトなど、関連記事も表示させたい場合はマルチカラムを採用するとよいでしょう。

シングルカラムのWebサイト例

ひぐらしガーデン

印象的なトップ画像からお店の概要、商品写真、地図などの店舗情報という流れで、スクロールしながらユーザーに与えたい情報が順に並べられています。まず注目してもらい、情報を収集し、行動を起こしてもらうまでの流れがシンプルに実装できています。

Teletype for Atom

全体のコンテンツ量が少ないため、個別にページを分割する必要がなく、それぞれ幅の狭いテキスト枠内で簡潔にまとめられています。また、スマートフォンで見てもほとんどレイアウトが変わりません。シンプルで実装しやすい構成です。

http://higurashi-garden.co.jp/

https://teletype.atom.io/

2-3

CHAPTER

全画面背景で目を引くデザインの実現

大きな背景画像を使うメリットは、なんといってもその迫力です。言葉を使わずとも、そのWebサイトを通じて伝えたいイメージをストレートに表現できます。まずは表示領域に大きく打ち出したい画像を用意しよう。

背景画像の設置方法

画像の横幅1200〜3000pxくらいのものを用意すると、品質を維持して表示できます。

そのWebサイトの顔となる部分なので、伝えたいものや雰囲気がしっかりと含まれているものを選びましょう。

🗎 chapter2/Demo-Bakery/index.html

```
<section class="hero">
    <h1 class="title">WCB Bakery</h1>
    <p>
        素材と食感にこだわったパンが勢ぞろい。<br>
        毎朝仕込んで焼き上げています。<br>
        パンと一緒に過ごす至福のひとときをお楽しみください。
    </p>
</section>
```

HTMLでは画像の上に表示させたいコンテンツを「hero」というクラスのついた<section>タグで囲んでいる

今回のWebサイトではエリアによって画像が異なるので、まずは共通の装飾を<section>タグに記述していきます。高さは「100vh」としています。「vh」は「viewport height」の略で、値を100とすることで表示領域の高さいっぱいに背景画像を広げられます。

また、「background-size: cover;」を指定すると画像の縦横比を保持したまま、表示領域をうめつくすように背景画像を表示できます。表示領域より画像が大きい場合は見切れます。

背景画像の表示位置は「background-position」で調整可能です。今回は縦・横ともに「center」とすることで、画像の中央部分を基準に伸縮するよう設定しました。

📄 chapter2/Demo-Bakery/css/style.css

```css
section {
    height: 100vh;
    background-size: cover;
    background-repeat: no-repeat;
    background-position: center center;
}
```

高さは「100vh」の指定

画像の縦横比を保持したまま全画面表示

📄 chapter2/Demo-Bakery/css/style.css

```css
.hero {
    background-image: url(../images/bread1.jpg);
    text-align: center;
    padding-top: 10vh;
}
```

エリアごとにクラスを割り振り、背景画像を指定しています。

カスタマイズ例

複数の背景画像を指定する　▶ デモファイル　chapter2/03-demo1

「bg2.png」の画像

「bg1.png」の画像

1枚の大きな画像を使用するのではなく、複数の画像を背景に使用することも可能です。左右両端に画像を置いたり、上下の端に配置したりと、また違った見せ方ができます。指定する際はbackground-imageプロパティの値をそれぞれカンマで区切ります。「background-repeat」で繰り返し表示の指定や、「background-position」で表示位置を指定するときも、プロパティごとにカンマで区切ります。少し端が見切れた画像を設置するとおしゃれに見えます。

📄 chapter2/03-demo1/style.css

```css
body {
    background-image:   url(images/bg1.png), url(images/bg2.png);
    background-position: left top, right top;
    background-repeat: no-repeat;
}
```

カンマで区切って2種類の背景画像を指定

背景画像の表示位置を変更する ▶ デモファイル chapter2/03-demo2

background-position: left top; にした例（デフォルト値）。パンの画像が右に寄りすぎています。

background-position: center center; にした例。パンの画像がセンター寄りになりました。

　スマートフォンやタブレットで見ると、デバイスの縦横比が異なるため、大きな画像をすべて見せるのは難しいでしょう。その場合は「background-position」で画像の表示位置を調整して工夫しましょう。

📄 chapter2/03-demo2/style.css

```
body {
    background-image: url(images/bg.jpg);
    background-size: cover;
    background-position: center center;    表示位置を調整する指定
    text-align: center;
    height: 100vh;
}
```

✅ POINT

画像をそのまま掲載するパターン（左下の画像）と、端をトリミングするパターン（右下の画像）を見比べると、端をトリミングした右の方がインパクトがあるように見えます。画像の一部が見切れていることで、ユーザーは見えていないところを想像し、結果、画面に広がりを感じます。余計なものを切り取るだけで、おしゃれに見せることができるのです。

画像のファイル容量を節約しよう

　大きな画像を設置する際に避けて通れない問題が画像のファイルサイズです。ユーザーはWebページの読み込み時間が極端に長いと、待ちきれずに違うサイトへ移動してしまいます。Webページの読み込み時間を短縮させるために、画像を圧縮して軽量化しましょう。

Shrink Me

　「Shrink Me」ではWebサイト上に画像をドラッグ＆ドロップするだけで画像のクオリティはそのままで、JPG、PNG、WebP※、SVG形式の画像のファイルを圧縮できます。変換する時間がとても早いのでおすすめです。圧縮後はZIPファイルをダウンロードできるので、展開して画像を使用しましょう。

画像をドラッグ＆ドロップで圧縮

Shrink Me…https://shrinkme.app/

Compressor.io

　「Compressor.io」も同様に、画像をWebサイト上にドラッグ＆ドロップしてファイルサイズを軽量化します。画像形式はJPG、PNG、GIF、SVGに対応します。「Shrink Me」に比べて圧縮やダウンロードにやや時間がかかります。

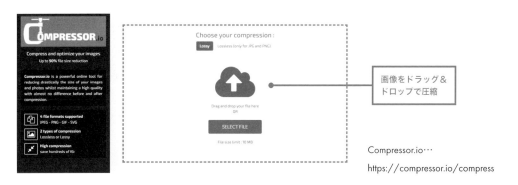

画像をドラッグ＆ドロップで圧縮

Compressor.io…

https://compressor.io/compress

※WebP…Google製の新しい画像形式。ファイルサイズの縮小が期待できる。読み方は「ウェッピー」。

2-4
CHAPTER

フォントの詳しい使い方

Webフォントを利用すれば、ユーザーの閲覧環境に依存することなく指定したフォントを表示できるようになります。また、画像化した文字とは違い文字を選択したり、コピーができるようになり、ユーザーの利便性が上がります。

Webフォントとは

フォントのデータを提供しているWebサービスを使い、フォントをWebサイト上に表示させるシステムのことを「**Webフォント**」と言います。以前はおしゃれなフォントを使用したい文字を画像として作成し、それをWebサイト上に表示させていました。現在ではWebフォントを使うことでテキストを選択・コピー&ペーストできるだけでなく、素早くページを読み込ませることも期待できます。

Google Fonts

Googleが提供しているWebフォントサービスが「**Google Fonts（Googleフォント）**」です。約1000種類あるすべてのフォントが無料で利用できます。日本語フォントもいくつか用意されており、本章のデモサイトではこのGoogle Fontsを利用しました。以下から使い方の手順を見ていきましょう。

Google Fonts…https://fonts.google.com/

01　フォントを選択する

あらかじめGoogleのサイトにログインした状態で進めます。まずはGoogle FontsのWebサイトで使いたいフォントを探し、フォントのリストをクリックします。

[Search] で「Dancing Script」と検索し、表示した

続いて使いたいフォントの太さを選び、「Select this style」をクリックします。ここでは「Regular 400」を選択しました。

02 CSSファイルを読み込む

画面右側に選択したフォントが表示されます。「Embed」タブをクリックしてコードを取得しましょう。もし画面右側にリストが出てこない場合は、ページ右上にある四角と＋マークのアイコンをクリックすると表示されます。

<link> の部分に書かれたコードを、HTMLファイルの「head」内に記述します。

HTML chapter2/Demo-Bakery/index.html

```html
<head>
    <meta charset="utf-8">
    <title>WCB Bakery</title>
    <meta name="description" content="こだわりのパンが勢揃いのベーカリー ">
    <link rel="icon" type="image/svg+xml" href="images/favicon.svg">
    <meta name="viewport" content="width=device-width, initial-scale=1">

<!-- CSS -->
    <link rel="stylesheet" href="https://unpkg.com/destyle.css@1.0.5/destyle.css">
    <link href="https://fonts.googleapis.com/css2?family=Dancing+Script&display=swap" rel="stylesheet">
    <link href="css/style.css" rel="stylesheet">
```

Googleフォントを読み込ませる記述をした

```html
<!-- FontAwesome -->
    <script src="https://kit.fontawesome.com/b8a7fea4d4.js" crossorigin="anonymous"></script>
</head>
```

CSSを追加する

「CSS rules to specify families」に書かれたコードを、フォントを適用させたい要素に対してCSSで記述します。このデモサイトでは「.title」に適用させています。

```
chapter2/Demo-Bakery/css/style.css
```

```css
.title {
    font-family: 'Dancing Script', cursive;
    font-size: 7rem;
    margin-bottom: 2rem;
}
```

適用したい箇所にフォント名を指定する記述をした

04 完成

見出し部分に「Dancing Script」のWebフォントが適用されました。

Webフォント実装前（他のフォントがあたっている）

Webフォント実装後（Webフォントがあたった）

Adobe Fonts

PhotoshopやIllustratorなどのグラフィックツールでおなじみのAdobeもWebフォントサービスを提供しています。すでにAdobe Creative Cloudの有料会員であれば15,000を超えるフォントを追加料金なしで利用できます。

無料のAdobeアカウントでも約200種類のフォントを利用できます。

Adobe Fonts … https://fonts.adobe.com/

01　「開始」をクリックしフォントを選択する

　あらかじめAdobeサイトにログインした状態で進めます。

　Adobe Fontsのサイトへアクセスしたら、左ページの下の画像で示している「開始」ボタンをクリックしてフォント一覧を見てみましょう。

　日本語のフォントも数多く揃っています。フォント一覧画面の左上の「言語および文字体系」を「日本語」に切り替えて日本語フォントを探してみてください。

　フォント一覧画面から使いたいフォントの「</>」アイコンをクリックします。

言語および 文字体系

クリック

02　プロジェクトを作成する

　「Webプロジェクトにフォントを追加」パネルが表示されるので、わかりやすいプロジェクト名を入力し、「作成」ボタンをクリックします。

プロジェクト名を入力

　コードが表示されるので、指示通り<head>タグ内に<script>から始まるコードを記述します。

HTML chapter2/04-demo/index.html

```html
<head>
    <meta charset="utf-8">
    <title>誕生石</title>

<!-- Adobe Fonts -->
    <script>
    (function(d) {
      var config = {
         (・・・コード略・・・) ※
    })(document);
    </script>

<!-- CSS -->
    <link href="style.css" rel="stylesheet">
</head>
```

取得したコードを貼り付け
※には個別のIDが入る

　CSSには「font-family:」部分のコードを記述します。例えば以下のように<h1>タグに反映させたいときはCSSに以下のように書きましょう。

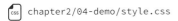 chapter2/04-demo/style.css

```css
h1 {
  font-family: a-otf-jun-pro, sans-serif;
  font-weight: 300;
  font-style: normal;
}
```

表示させたい箇所に指示された
CSS コードを追加

05 完成

見出し部分に Web フォントが適用されました。

▶ デモファイル　chapter2/04-demo

Web フォント実装前　　　　　　　　　　　　　　Web フォント実装後

日本語フォントを使う時の注意点

フォントを表示させるまでに若干時間がかかる

　英語はアルファベット 26 文字で、文字のバリエーションや数字、記号を含めても 100 文字程度で表現できます。しかし日本語はひらがな、カタカナ、漢字…と、とても多くの文字数が必要になります。そのため、フォントのデータも膨大です。ページの読み込みに時間がかかったり、フォントが表示されるまでにタイムラグが発生することもあります。

選べるフォントの種類が少ない

　上記の理由もあり、欧文フォントに比べて Web フォントに対応している日本語フォントはまだ種類が少ないのが現状です。そのため好みのフォントが見つからないということもあるでしょう。ただ、どの Web フォントサービスも日本語フォントの開発を進めているため、時々、各 Web フォントサービスの Web サイトでアップデート情報を確認するとよいでしょう。

無料で使えるフォント一覧

　Google Fonts や Adobe Fonts の他にも無料で使えるフォントは多数あります。ここで紹介しているサービスを探せば遊び心のある個性的なフォントに出会えるかもしれません。

　なお、中には個人での利用は許可されていますが、商用での利用はできないフォントもあります。必ず利用規約を確認してから利用するようにしましょう。

TypeSquare

　多くの印刷物をはじめ、テレビのテロップなど多くのシーンで利用されているモリサワフォントです。TypeSquare ではこのモリサワフォントに加えて様々なフォントメーカーの協力のもと、充実した書体ラインナップからフォントを選択できます。

　フォントファイルをダウンロードするのではなく、会員登録後、専用のタグをHTMLファイルの<head>タグ内に記述してフォントを表示します。無料プランでは1つのフォントを月に1万ページビューまで利用できます。

https://typesquare.com/

Typing Art

　上品な印象の「はんなり明朝」や、手書き風のかわいらしい「こども丸ゴシック」など、バリエーション豊富なフォントを配布しています。

https://typingart.net/

フォントダス

　可読性は維持したまま、オリジナルの装飾が加えられた使いやすいフォントがそろっています。

https://fontdasu.com/

MODI工場

トゲトゲしたフォントや丸っこくて可愛らしいフォントなど、個性豊かでインパクトのあるフォントが多く配布されています。

http://modi.jpn.org/

chapter1

chapter2

chapter3

chapter4

chapter5

chapter6

chapter7

chapter8

COLUMN

—

Google Fontsの組み合わせ提案機能

Google FontsはWebフォントを提供するだけでなく、おすすめのフォントの組み合わせを提案してくれる機能があります。どんなフォントと組み合わせればよいか迷った時に使ってみるとよいでしょう。

Google Fontsの一覧ページから使いたいフォントを選択し、「Pairings」タブをクリックすると選択したフォントと相性のいいフォントが表示されます。画面左側から他の候補を閲覧したり、上下矢印のアイコンをクリックして見出しと本文を入れ替えたりと調整することもできます。

Noto Sans JP

± Download family

Select styles　Glyphs　About　License　Pairings

Popular pairings with Noto Sans JP

Roboto

Noto Sans JP　Regular ∨
Roboto　Regular ∨

Montserrat

Noto Sans KR

Open Sans

Lato

+ The spectacle before us was indeed sublime.

Apparently we had reached a great height in the atmosphere, for the sky was a dead black, and the stars had ceased to twinkle. By the same illusion which lifts the horizon of the sea to the level of the spectator on a hillside, the sable cloud beneath was dished out, and the car seemed to float in the middle of an immense dark sphere, whose upper half was strewn with silver. Looking down into the dark gulf below, I could see a ruddy light streaming through a rift in the clouds.

フォントによるデザインの見え方の違い

　使用するフォントによって、ユーザーに与える印象は大きく変わります。下の図では同じ内容、同じレイアウトの広告文ですが、フォントを変えるだけで全体の雰囲気が異なって見えます。また、ゴシック体は線の幅がほぼ均一なので、遠くから見ても認識しやすくなります。

月々のお支払い

5,000円

無料会員登録、1ヶ月以内のご利用お申し込みをいただいた方全員
月々のご利用料金が5,000円になります。

ゴシック体をベースにしたデザイン。力強くポップな印象になります。

月々のお支払い

5,000円

無料会員登録、1ヶ月以内のご利用お申し込みをいただいた方全員
月々のご利用料金が5,000円になります。

明朝体をベースにしたデザイン。高級感が出て少しかしこまった印象になります。

　長文で見比べてみましょう。長文の場合は細い線のある明朝体がより効果的で、ゴシック体に比べてスラスラと読み進められると言われています。そのため、小説や新聞など、昔から長文には明朝体が使われてきました。

ゴシック体は装飾が少ない分、どんなデザインにも合わせやすくなります。

明朝体はゴシック体に比べて全体的に線が細いため、スッキリとまとまります。

フォントの組み合わせ例

　見出しやアクセントとなる部分と本文で別のフォントを使うと、両者の差が生まれて目立たせたい部分をより明確にすることができます。フォントの数だけ組み合わせ方があるため「これが正解」とは言えませんが、パッと見た時に違和感を抱かせないためにも、調和するフォントの組み合わせを考えながら制作していきましょう。

見出し

簡単なプロフィール

Webデザイナー、ブロガーのManaです。日本で2年間グラフィックデザイナーとして働いた後、カナダ・バンクーバーにあるWeb制作の学校を卒業。カナダやオーストラリア、イギリスの企業でWebデザイナーとして働きました。

本文

同じフォントファミリーの組み合わせ

　組み合わせを考えた時に一番収まりがよいのは同じ**フォントファミリー**の組み合わせです。太さや文字サイズを変更して見出しと本文に差をつけるとよいでしょう。また、フォントファミリーで明朝体とゴシック体の両方が含まれる場合も、組み合わせやすく、安定して見えます。

簡単なプロフィール

Webデザイナー、ブロガーのManaです。日本で2年間グラフィックデザイナーとして働いた後、カナダ・バンクーバーにあるWeb制作の学校を卒業。カナダやオーストラリア、イギリスの企業でWebデザイナーとして働きました。

`見出し` ヒラギノ 角ゴ Pro W6
`本文` ヒラギノ 角ゴ Pro W3

シンプルで読みやすく、どんなデザインでも合わせやすい汎用性の高い組み合わせです。

簡単なプロフィール

Webデザイナー、ブロガーのManaです。日本で2年間グラフィックデザイナーとして働いた後、カナダ・バンクーバーにあるWeb制作の学校を卒業。カナダやオーストラリア、イギリスの企業でWebデザイナーとして働きました。

`見出し` Rounded M+ ExtraBold
`本文` Rounded M+ Regular

見出しだけ丸くしています。可読性を維持したまま、画面全体をかわいくポップに彩ります。

簡単なプロフィール

Webデザイナー、ブロガーのManaです。日本で2年間グラフィックデザイナーとして働いた後、カナダ・バンクーバーにあるWeb制作の学校を卒業。カナダやオーストラリア、イギリスの企業でWebデザイナーとして働きました。

`見出し` ヒラギノ 明朝 Pro W6
`本文` ヒラギノ 角ゴ Pro W3

明朝とゴシック体の組み合わせでも、フォントファミリーが統一されていると違和感なくまとまります。

簡単なプロフィール

Webデザイナー、ブロガーのManaです。日本で2年間グラフィックデザイナーとして働いた後、カナダ・バンクーバーにあるWeb制作の学校を卒業。カナダやオーストラリア、イギリスの企業でWebデザイナーとして働きました。

`見出し` 游ゴシック体 Bold
`本文` 游明朝体 Medium

游ゴシック体・游明朝体で揃えています。全体的にかしこまった雰囲気のまま、見出しを目立たせます。

簡単なプロフィール

Webデザイナー、ブロガーのManaです。日本で2年間グラフィックデザイナーとして働いた後、カナダ・バンクーバーにあるWeb制作の学校を卒業。カナダやオーストラリア、イギリスの企業でWebデザイナーとして働きました。

`見出し` Noto Serif JP Medium
`本文` Noto Sans JP Regular

「Noto~」のフォントはクセがなく視認性の高さからGoogleフォントで人気の日本語Webフォントです。

簡単なプロフィール

Webデザイナー、ブロガーのManaです。日本で2年間グラフィックデザイナーとして働いた後、カナダ・バンクーバーにあるWeb制作の学校を卒業。カナダやオーストラリア、イギリスの企業でWebデザイナーとして働きました。

`見出し` りょう Display PlusN M
`本文` りょうゴシック PlusN L

読みやすさを維持しつつ、細身のフォントを組み合わせて大人っぽい印象になっています。

chapter1
chapter2
chapter3
chapter4
chapter5
chapter6
chapter7
chapter8

違うフォントの組み合わせ

違うフォントを組み合わせると、より見出しと本文の差が生まれます。それにより全体に躍動感や独創性を表現できるでしょう。ただし、フォント同士の幅が大きく異なると相性が合わず読みづらく感じます。各フォントの特徴やコンセプトを理解しながら組み合わせを考えましょう。

簡単なプロフィール

Webデザイナー、ブロガーのManaです。日本で2年間グラフィックデザイナーとして働いた後、カナダ・バンクーバーにあるWeb制作の学校を卒業。カナダやオーストラリア、イギリスの企業でWebデザイナーとして働きました。

見出し　筑紫A丸ゴシック Bold
本文　游ゴシック体 Medium

スッキリとした游ゴシックが、モダンな柔らかさを持つ筑紫フォントを引き立てています。

簡単なプロフィール

Webデザイナー、ブロガーのManaです。日本で2年間グラフィックデザイナーとして働いた後、カナダ・バンクーバーにあるWeb制作の学校を卒業。カナダやオーストラリア、イギリスの企業でWebデザイナーとして働きました。

見出し　貂明朝 Regular
本文　ヒラギノ明朝 Pro W3

明朝体で統一感を出しつつ、墨溜まりの装飾のある貂明朝が印象に残る組み合わせです。

簡単なプロフィール

Webデザイナー、ブロガーのManaです。日本で2年間グラフィックデザイナーとして働いた後、カナダ・バンクーバーにあるWeb制作の学校を卒業。カナダやオーストラリア、イギリスの企業でWebデザイナーとして働きました。

見出し　クレー Demibold
本文　游明朝体 Medium

丁寧に手書きされたようなクレーと組み合わせて、落ち着いた印象になります。

簡単なプロフィール

Webデザイナー、ブロガーのManaです。日本で2年間グラフィックデザイナーとして働いた後、カナダ・バンクーバーにあるWeb制作の学校を卒業。カナダやオーストラリア、イギリスの企業でWebデザイナーとして働きました。

見出し　さわらび明朝
本文　ヒラギノ角ゴ Pro W3

ほどよい太さのさわらび明朝は、可読性の高いヒラギノと組み合わせて安定感のある印象になります。

簡単なプロフィール

Webデザイナー、ブロガーのManaです。日本で2年間グラフィックデザイナーとして働いた後、カナダ・バンクーバーにあるWeb制作の学校を卒業。カナダやオーストラリア、イギリスの企業でWebデザイナーとして働きました。

見出し　TBちび丸ゴシックPlusK Pro R
本文　Noto Sans JP Regular

甘すぎないTBちび丸ゴシックとシンプルなNoto Sansで温かみのある印象にしています。

簡単なプロフィール

Webデザイナー、ブロガーのManaです。日本で2年間グラフィックデザイナーとして働いた後、カナダ・バンクーバーにあるWeb制作の学校を卒業。カナダやオーストラリア、イギリスの企業でWebデザイナーとして働きました。

見出し　ロゴたいぷゴシック
本文　ヒラギノ角ゴ Pro W3

スマートなロゴたいぷゴシックで注目させ、安定感のあるヒラギノで読ませています。

装飾系フォントを使った組み合わせ

装飾系のフォントを使えば、文章を読ませると同時に「見せる」ことができ、デザインの一部として利用できます。ただし表情豊かな装飾系のフォントを本文に使うと、読み間違えられる可能性もあります。使用するなら見出しや短文にとどめ、本文には使わないようにしましょう。

簡単なプロフィール

Webデザイナー、ブロガーのManaです。日本で2年間グラフィックデザイナーとして働いた後、カナダ・バンクーバーにあるWeb制作の学校を卒業。カナダやオーストラリア、イギリスの企業でWebデザイナーとして働きました。

見出し　TA-F1 ブロックライン
本文　Noto Sans JP Medium

少し角張った太めの見出しに合わせて、本文でも太めのフォントを使っています。

簡単なプロフィール

Webデザイナー、ブロガーのManaです。日本で2年間グラフィックデザイナーとして働いた後、カナダ・バンクーバーにあるWeb制作の学校を卒業。カナダやオーストラリア、イギリスの企業でWebデザイナーとして働きました。

見出し　黒薔薇シンデレラ
本文　Noto Sans JP Regular

端に棘の装飾がある見出しをベーシックなNoto Sansでやわらげます。

簡単なプロフィール

Webデザイナー、ブロガーのManaです。日本で2年間グラフィックデザイナーとして働いた後、カナダ・バンクーバーにあるWeb制作の学校を卒業。カナダやオーストラリア、イギリスの企業でWebデザイナーとして働きました。

見出し　無心
本文　游ゴシック体 Medium

シンプルな游ゴシックが見出しの手書き文字をより印象的に目立たせます。

簡単なプロフィール

Webデザイナー、ブロガーのManaです。日本で2年間グラフィックデザイナーとして働いた後、カナダ・バンクーバーにあるWeb制作の学校を卒業。カナダやオーストラリア、イギリスの企業でWebデザイナーとして働きました。

見出し　ふぉんとうは怖い明朝体
本文　Noto Serif JP ExtraLight

明朝体を歪めた見出しと、シンプルな本文の明朝体の組み合わせです。

簡単なプロフィール

Webデザイナー、ブロガーのManaです。日本で2年間グラフィックデザイナーとして働いた後、カナダ・バンクーバーにあるWeb制作の学校を卒業。カナダやオーストラリア、イギリスの企業でWebデザイナーとして働きました。

見出し　コミックホラー悪党
本文　ヒラギノ角ゴ Pro W3

少し読みづらいコミックホラー悪党と、可読性の高いヒラギノの組み合わせです。

簡単なプロフィール

Webデザイナー、ブロガーのManaです。日本で2年間グラフィックデザイナーとして働いた後、カナダ・バンクーバーにあるWeb制作の学校を卒業。カナダやオーストラリア、イギリスの企業でWebデザイナーとして働きました。

見出し　しろくまフォント Regular
本文　Rounded M+ Regular

丸みのある手書きフォントと、バランスの取れたRounded M+で全体をかわいらしくまとめています。

欧文フォントを使った組み合わせ

　見出しのみ英語にするとスタイリッシュなイメージを生み出せます。ただし英語が苦手な人は無意識のうちに英文を読み飛ばすことがあるので、英語を使うなら1～2語程度の平易な単語を使いましょう。

About Me
Webデザイナー、ブロガーのManaです。日本で2年間グラフィックデザイナーとして働いた後、カナダ・バンクーバーにあるWeb制作の学校を卒業。カナダやオーストラリア、イギリスの企業でWebデザイナーとして働きました。

`見出し` Georgia Regular
`本文` 游明朝体 Regular

クラシックなGeorgiaと游明朝でかしこまった印象になります。

About Me
Webデザイナー、ブロガーのManaです。日本で2年間グラフィックデザイナーとして働いた後、カナダ・バンクーバーにあるWeb制作の学校を卒業。カナダやオーストラリア、イギリスの企業でWebデザイナーとして働きました。

`見出し` Gotham Rounded Medium
`本文` ヒラギノ丸ゴ Pro W4

どちらも安定感のある丸文字なので可読性を維持してかわいらしく表現できます。

About Me
Webデザイナー、ブロガーのManaです。日本で2年間グラフィックデザイナーとして働いた後、カナダ・バンクーバーにあるWeb制作の学校を卒業。カナダやオーストラリア、イギリスの企業でWebデザイナーとして働きました。

`見出し` Rockwell Regular
`本文` Noto Sans JP Medium

角張った力強いRockwellと合わせるなら、太めのNoto Sansがおすすめです。

About Me
Webデザイナー、ブロガーのManaです。日本で2年間グラフィックデザイナーとして働いた後、カナダ・バンクーバーにあるWeb制作の学校を卒業。カナダやオーストラリア、イギリスの企業でWebデザイナーとして働きました。

`見出し` Futura Medium
`本文` ヒラギノ角ゴ Pro W3

尖った装飾のあるFuturaを読みやすいヒラギノがやわらげます。

About Me
Webデザイナー、ブロガーのManaです。日本で2年間グラフィックデザイナーとして働いた後、カナダ・バンクーバーにあるWeb制作の学校を卒業。カナダやオーストラリア、イギリスの企業でWebデザイナーとして働きました。

`見出し` Didot Regular
`本文` Noto Serif JP Light

太さの強弱が強いDidotはシンプルなNoto Serifと合わせるとエレガントになります。

About Me
Webデザイナー、ブロガーのManaです。日本で2年間グラフィックデザイナーとして働いた後、カナダ・バンクーバーにあるWeb制作の学校を卒業。カナダやオーストラリア、イギリスの企業でWebデザイナーとして働きました。

`見出し` Sofia Regular
`本文` 游ゴシック体 Medium

カーブの装飾が美しいSofiaと大人っぽい游ゴシックで優しい組み合わせになります。

COLUMN

—

高解像度の画像が用意できない時の小技①

■ 画像をぼかす

元の画像をPhotoshopなどのグラフィックツールでぼかすと、色合いや全体の雰囲気を活かしたまま背景画像としてなじませられます。ぼんやりとでも「何の画像なのか」がわかる程度にぼかしを入れましょう※。

▶ **デモファイル** chapter2/column1-demo2

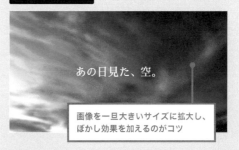

画像を一旦大きいサイズに拡大し、ぼかし効果を加えるのがコツ

■ ドット柄を重ねる

パターン画像を重ねます。ここでは半透明の白いドット柄を、「background-image」で背景画像とドット画像の2つの画像を指定して重ね合わせています。画像同士を「,（カンマ）」で区切り、最初に前面に表示する画像（dots.svg）を指定、次に背面に表示する画像（bg.jpg）を指定します。

▶ **デモファイル** chapter2/column1-demo3

よく見るとドット柄が重なっている

CSS chapter2/column1-demo3/style.css

```
.wrapper {
  /* 文字設定 */
　〰〰〰〰〰〰〰〰〰〰〰
  /* 背景画像 */
  background-image:  url(dots.svg), url(bg.jpg);
  background-size: 10px 10px, cover;
  height: 100vh;
}
```

順序が逆になるとドット柄が表示されなくなるので注意する

※元画像は「chapter2/column1-demo1」を参照してください。

2-5
CHAPTER

アイコンフォントの使い方

様々なデバイスに合わせて制作する必要がある昨今では大小あらゆる画面に対応する必要があります。アイコンフォントを使えば、小さい画面のディスプレイから、高解像度のディスプレイまで、すべて美しく表示できます。

アイコンフォントとは

アイコンフォントとは、Webページ上で文字と同じように表示できるアイコンのことです。一般的に使われる画像形式である「JPEG」や「PNG」などのビットマップ形式とは違い、拡大縮小しても画質が劣化しません。

Font Awesome

Font AwesomeはWebページ上にアイコンを表示させるためのサービスです。汎用性の高いシンプルなアイコンが多数用意されています。アイコンの画像はご自身で用意してもかまいませんが、このようなサービスを使うと手軽に実装でき、管理もしやすくなるでしょう。

なお、Font Awesomeは無料で利用できますが、さらに多くのアイコンが用意された有料のPro版（年間$99）もあります[※]。

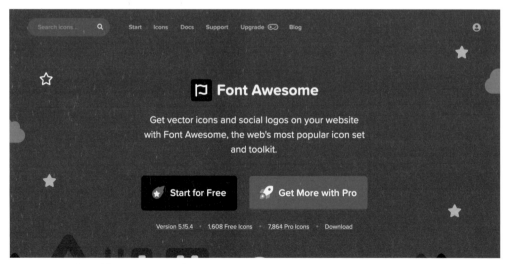

Font Awesome…https://fontawesome.com/

※2021年9月現在の情報を掲載しています。Font Awesomeは2022年に仕様変更が予定されています。公式サイトより最新情報をご確認ください。

Font Awesomeのアカウント登録手順

Font Awesomeを使うにはメールアドレスを登録し、個別に割り振られた[※]ファイルのURL を使います。以下の手順より登録してみましょう。

Font AwesomeのWebサイトから「Start for Free」ボタンをクリックして始めます。メールアドレスを入力して、「Create & Use This Kit」ボタンをクリックします。

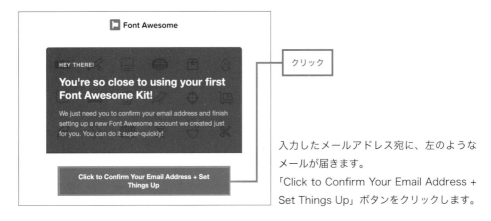

入力したメールアドレス宛に、左のようなメールが届きます。
「Click to Confirm Your Email Address + Set Things Up」ボタンをクリックします。

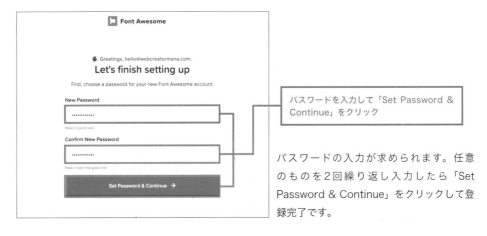

パスワードの入力が求められます。任意のものを2回繰り返し入力したら「Set Password & Continue」をクリックして登録完了です。

※個別に割り振られた…バージョン管理を自動化するためや、アイコンの表示を高速化するために個別に割り振られている。

Font Awesomeの基本的な使い方

01 JavaScriptファイルを読み込む

ログインすると利用できるキットが表示されています (https://fontawesome.com/start)。そこにあるコードをコピーし、<head>タグ内に貼り付けましょう。コードは右側にある「Copy Kit Code」ボタンをクリックすれば簡単にコピーできます。

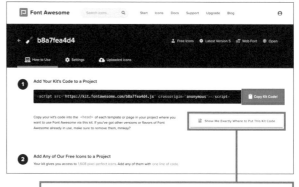

「Show Me Exactly Where to Put This Kit Code」ボタン

🗎 Font Awesome を使う際の記述例

```
<!doctype html>
<html>
  <head>
    <!-- Place your kit's code here -->
    <script src="https://kit.fontawesome.com/あなたのFontAwesomeキットID.js" crossorigin="anonymous"></script>
  </head>

  <body>
    <!-- Ready to use Font Awesome. Activate interlock. Dynotherms - connected. Infracells - up. Icons are go! -->
  </body>
</html>
```

ご自身で登録したFont Awesome キットIDを入れる※

なお、Webサイトにある「Download Example File」ボタンをクリックすると、サンプルのHTMLファイルがダウンロードできます。こちらを確認すれば書き方の参考にできるでしょう。

Download Example File

※サンプルデータのFont Awesome キットID は書籍の確認用のコードです。他のWebサイトに使いまわしできません。Font Awesomeを利用する場合は、P.070～071を参考にアカウントを登録し、ご自身のキットIDで制作してください。

02　アイコンを選択する

　表示させたいアイコンをアイコン一覧ページ（https://fontawesome.com/icons?d=gallery）から探します。なお、色が薄くなっているアイコンはProユーザーのみ利用可能です。

検索フィールドから単語を入力して検索もできます。日本語には対応していません

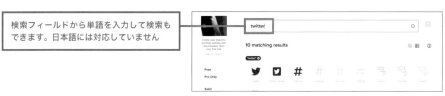

03　HTMLコードを追加する

　好みのアイコンをクリックします。ページ上部に<i class=" 〜〜〜 "></i>というコードが表示されるので、クリックしてコピーします。

　コピーしたテキストを<body>タグ内の、アイコンを表示させたい箇所に貼り付けましょう。すると、Webページ上にアイコンが表示されます。コピー＆ペーストだけで簡単に設置することができました。

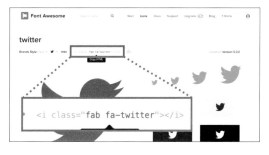

📄 chapter2/Demo-Bakery/index.html

```
<ul class="sns-links">
    <li><a href="#"><i class="fab fa-facebook-square"></i></a></li>
    <li><a href="#"><i class="fab fa-twitter"></i></a></li>
    <li><a href="#"><i class="fab fa-instagram"></i></a></li>
</ul>
```

「Facebook」のアイコン

「Twitter」のアイコン

「Instaglam」のアイコン

カスタマイズ方法

サイズを変更

アイコンフォントはその名の通りフォントのデータになります。「width」や「height」でサイズを指定するのではなく、「font-size」でサイズを変更できます。

また、ありがたいことにFont Awesomeではあらかじめサイズを変更するためのクラスが用意されています。変更したいアイコンのタグにそれらのクラスを与えるだけで反映されます。基準となるサイズは適用されているCSSを引き継ぎます。

▶ デモファイル chapter2/05-demo1/index.html

```
<i class="fas fa-home fa-xs"></i>
<i class="fas fa-home fa-sm"></i>
<i class="fas fa-home fa-lg"></i>
<i class="fas fa-home fa-2x"></i>
<i class="fas fa-home fa-3x"></i>
<i class="fas fa-home fa-5x"></i>
<i class="fas fa-home fa-7x"></i>
<i class="fas fa-home fa-10x"></i>
```

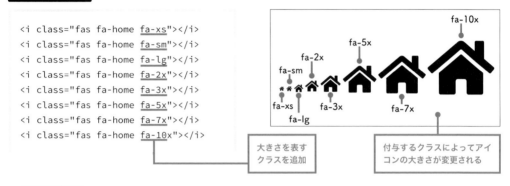

大きさを表すクラスを追加

付与するクラスによってアイコンの大きさが変更される

CSSで装飾

通常のHTML/CSSのように指定しているクラスにCSSで装飾を加えれば反映されます。

例えば<i class="fas fa-home"></i>というコードを使用しているなら、「fa-home」クラスにスタイルを書いていきます。もちろん、ご自身で任意のクラスを加えてもOKです。

色は「color」で、アイコンの大きさは「font-size」で指定します。

▶ デモファイル chapter2/05-demo2/index.html　　**CSS** chapter2/05-demo2/style.css

```
<i class="fas fa-home"></i>
<i class="fas fa-rss"></i>
<i class="fas fa-mobile-alt"></i>
<i class="fab fa-youtube"></i>
<i class="fas fa-leaf"></i>
```

必要なコードを貼り付け

```css
.fa-home {
    color: #0bd;
    font-size: 2rem;
}
.fa-rss {
    color: #fa2;
}
.fa-mobile-alt {
    color: #999;
    font-size: 3rem;
}
.fa-youtube {
    color: #f00;
    font-size: 2rem;
}
.fa-leaf {
    color: #8c2;
}
```

色や文字サイズなどを各クラスに追加

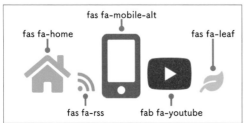

COLUMN

—

高解像度の画像が用意できない時の小技②

■ ライン柄を重ねる

background-imageプロパティに2つの背景指定をします。ライン柄はCSSのグラデーションを使って表現できるので、CSSだけで実装します。「repeating-linear-gradient」は線形グラデーションを繰り返し表示します。記述式は次の通りです。

```
repeating-linear-gradient( グラデーションの角度や方向 ，開始地点の色 位置 ，途中地
点の色 位置 ，終了地点の色 位置 );
```

開始地点がデフォルトの「0」である場合は位置の記述を省略できます。また、途中地点の色や位置は追加可能です。今回は開始から4pxまでは透明、4pxから終了地点の6pxまでは不透明度40％の白という指定をしてライン柄を表現しています。

▶ **デモファイル** chapter2/column2-demo1

あの日見た、空。

CSSなので、色や太さなどが調整しやすい

📄 chapter2/column2-demo1/style.css

```
.wrapper {
  /* 文字設定 */

  /* 背景画像 */
  background-image: repeating-linear-gradient(0deg, transparent, transparent
4px, rgba(255,255,255,.4) 4px, rgba(255,255,255,.4) 6px ), url(bg.jpg);
  background-size: auto, cover;
  height: 100vh;
}
```

なお、グラデーションの指定方法はP.230で詳しく解説します。また、これらの手法は動画にも利用できます。動画で使用する方法はP.252を参照ください。

2-6
CHAPTER

スマートフォンでの閲覧に対応させる

今やどの年代の人でもスマートフォンでWebサイトを閲覧します。ユーザーにいつでも、どこにいても作成したWebサイトを見てもらえるよう、スマートフォンに対応させる方法を学びましょう。

レスポンシブWebデザインとは

デバイスの表示領域によってWebページの表示を切り替える手法のことを「**レスポンシブWebデザイン**」と言います。Webページのコンテンツ内容を大きく変更することなく、CSSを使ってそれぞれのデバイスに合わせた最適な表示に切り替える手法です。

レスポンシブWebデザインを採用すれば、デバイスごとにHTMLファイルを作成する必要がなく、CSSでまとめて装飾の指定ができるため、Webサイトの更新と管理が楽になります。一方で、すべてのデバイスでまったく同じコンテンツが必要になるとは限らなく細かい指定が難しい場合もあります。このようにレスポンシブWebデザインはメリット・デメリットのいずれも挙げられますが、検索エンジンの最大手であるGoogleが推奨していることもあり、現在主流のWebサイトの制作方法と言えます。

viewport の設定

レスポンシブWebデザインを実装する第一歩として、「**viewport**」を設定する必要があります。viewportとはデバイスの表示領域のことです。このviewportの指定をしないと、スマートフォンで見てもデスクトップサイトの横幅に合わせて表示されてしまいます。

viewportを設定するには、<head>内に下記の<meta>タグを記述します。そうすることで表示領域の横幅を各デバイスのサイズに合わせられます。

📄 chapter2/Demo-Bakery/index.html

```
<meta name="viewport" content="width=device-width, initial-scale=1">
```

この「width=device-width」は「デバイスの横幅に合わせて表示してください」という意味です。また、「initial-scale」はページ読み込み時の拡大倍率を表しており、値を「1」にすることで「等倍で表示してください」と指示しています。どちらも同じ意味の指示となりますが、デバイスやブラウザーによって解釈が異なるため、両方を記述するのが一般的です。

viewport設定前のスマートフォンの画面です。画像が右にはみ出しています。

viewport設定後のスマートフォンの画面です。画像が画面サイズにフィットしています。コンテンツがデバイスのサイズに合わせて表示され、読みやすくなりました。

メディアクエリーの基本

　viewportの設定だけでは、表示領域がデバイスサイズに揃えられただけで、レイアウトは最適化されません。そこでCSSを使って細かな指定をしていきます。レスポンシブWebデザインを実装する方法は多々ありますが、多くのWebサイトで「**メディアクエリー**」を使った方法が取り入れられています。メディアクエリーは基本的に以下の3通りの方法で適用できます。

01　CSSファイルに記述する方法

　メディアクエリーを他の装飾とともにCSSファイルに記述していく方法です。まずは「@media」から書き始め、続いて丸カッコの中に「メディア特性」と呼ばれる表示領域の範囲やデバイスの仕様を指定します。

📄 chapter2/Demo-Bakery/css/style.css

```css
.title {
    font-family: 'Dancing Script', cursive;
    font-size: 7rem;
    margin-bottom: 2rem;
}

/*
MOBILE SIZE
=============================================== */
@media (max-width: 700px) {
    .title {
        font-size: 4rem;
    }
}
```

横幅0〜700pxの範囲の表示領域に対する指定

例えば「max-width: 700px」と書くと「最大（max）の幅（width）が700pxの時」という意味なので、「横幅0〜700pxの範囲の表示領域」に対してスタイルが適用されます。

この例では0〜700pxの表示幅で見ると、文字サイズが「7rem」から「4rem」に変更されます。フォントや余白の指定はないので上書きされず、最初に指定されたものがそのまま適用されます。

モバイルサイズ、見出しの文字サイズは4remになります。

デスクトップサイズ、見出しの文字サイズは7remになります。

「max-width」は最大値を指定できますが、「min-width」とすると最小値の指定ができます。

📄CSS 最小値の指定の記述例

```
@media (min-width: 700px) {
    .title {
        font-size: 7rem;
    }
}
```

このように記述すれば、「最小（min）の幅（width）が700pxの時」という意味なので、横幅700px以上の範囲の表示領域に対してスタイルが適用されます。

02　CSSファイルを読み込む<link>タグに記述する方法

<head>タグ内に記載する<link rel="stylesheet">のタグではmedia属性を使って特定の条件でのみhref属性に指定したCSSファイルを適用する指定も可能です。

まず共通のスタイルを記述したstyle.css、モバイルサイズ用にmobile.css、デスクトップサイズ用にdesktop.cssなど、複数のCSSファイルを用意します。そしてメディアクエリーを使って読み込むCSSファイルを振り分ける方法です。これはHTMLファイルのhead要素内に記述します。

記述例

```html
<link rel="stylesheet" href="style.css">
<link rel="stylesheet" href="desktop.css" media="(min-width: 701px)">
<link rel="stylesheet" href="mobile.css" media="(max-width: 700px)">
```

メディアクエリーを使って
読み込むCSSを振り分ける

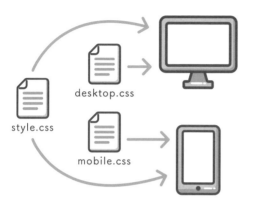

style.css

desktop.css

mobile.css

すべてのWebページでstyle.cssが適用されます。
表示幅が700px以下の場合はmobile.cssも適用されます。
701px以上の場合はdesktop.cssも読み込まれます。

03 CSSファイルを「@import」で読み込む時に記述する方法

　「@import」は、CSSファイルに別のCSSファイルを読み込むときに使います。こちらも同様に、表示領域などを指定して読み込むファイルを振り分けられます。メインのCSSファイルとは別に、モバイルサイズ用にmobile.cssを用意し、最大幅が700pxまでのデバイスに読み込ませるには以下のように記述します。

記述例

```css
@charset 'UTF-8';
@import url('mobile.css') (max-width: 700px);
```

　「@import」はCSSファイルの先頭にある、文字コードを指定するための「@charset 'UTF-8';」のすぐ下に記述しましょう。
　なお、@importを使ったCSSファイルの読み込みは、他の方法に比べて読み込み速度が若干遅くなるので非推奨です。

メディア特性

ここまでに出てきた「max-width」や「min-width」など、特定の表示領域やデバイスを記述する部分を**「メディア特性」**と言います。様々なメディア特性がありますが、よく使うのは右表のものでしょう。指定の際に役立つ内容なので、確認しておいてください。

メディア特性	意味
width	表示領域の幅。max-（最大値）や min-（最小値）の指定も可能
height	表示領域の高さ。max-（最大値）や min-（最小値）の指定も可能
aspect-ratio	表示領域の幅と高さのアスペクト比
orientation	表示領域の向き。portrait（縦長）または landscape（横長）
resolution	デバイスのピクセル密度

＊その他の指定方法については「@media - CSS: カスケーディングスタイルシート | MDN」を参照してください。
https://developer.mozilla.org/ja/docs/Web/CSS/@media#Media_features

モバイルファーストとデスクトップファースト

レスポンシブWebデザインを実装する上で**「モバイルファースト」**や**「デスクトップファースト」**という用語が登場します。

モバイルファーストはモバイルデバイスでの装飾を先に記述し、デスクトップサイズの装飾をメディアクエリーを使って適用するという制作方法です。

現在のWebサイトではスマートフォンでの利用の方がPCでの利用よりも多くなり、場合によってはモバイル表示を主体として制作する必要があります。また、モバイルファーストで実装していくことにより、スマートフォンでの表示が速くなるというメリットがあります。

モバイルファーストを実装する場合は、メディアクエリーで「min-width」で最小表示幅を指定します。

CSS 700px を分岐点とし、装飾を切り替える時の記述例

```
モバイルサイズ用のCSS

@media (min-width: 700px) {
    デスクトップサイズ用のCSS
}
```

では必ずモバイルファーストで実装すべきか、と聞かれると、必ずしもそうとは限りません。そのWebサイトを閲覧するユーザーがPCを利用する方が多い場合はデスクトップファースト、つまりデスクトップサイズの装飾を先に記述し、メディアクエリーでモバイルサイズ用の装飾を記述するという流れが有効です。必要に応じてどちらがいいか検討するとよいでしょう。

COLUMN

—

SVG形式のファビコンを設置しよう

ページのタブの部分に表示されるのがファビコンです。以前はPNGなどのビットマップ形式の画像が使われていましたが、現在ではSVG形式が対応されるようになってきています。SVGを使えば拡大・縮小しても画質が劣化しません。

■ SVGファビコンの設置方法　▶ デモファイル　chapter2/column3-demo

❶ SVG形式のファビコン用画像を用意

グラフィックツールでファビコンにしたい画像を用意します。サイズは気にしなくても大丈夫です。正方形であればどのサイズでもきれいに表示されます。今回はIllustratorを使って「32×32px」のサイズのものを用意しました。

Illustratorでアイコンを作成します。

SVG形式で保存します。

❷ HTMLファイルに記述

head内にファビコンを設置する記述を追加します。これまでと違う点はtype属性を「image/svg+xml」としているところです。

```
<head>
    <meta charset="utf-8">
    <title>SVG Favicon</title>
    <link rel="icon" href="images/favicon.svg" type="image/svg+xml">
</head>
```

SVG形式なのでラインがとってもきれいです。

2-7
CHAPTER
ブレークポイントの詳細

スマートフォン、タブレット、デスクトップ…様々なデバイスで最適に表示させるためにはブレークポイントの設定が必要です。

ブレークポイントとは

ブレークポイントとは、メディアクエリーを使ってデバイスごとにCSSを分ける時の分岐点となる位置のことです。例えば「min-width: 700px」と書いたときは、700pxがブレークポイントとなります。モバイルデバイスは縦に持って利用することが多いため、多くの場合縦にした時の画面幅を基準にブレークポイントを考えます。

主なiOSデバイスの画面と倍率

デバイス	縦にした時の画面幅	横にした時の画面幅	Retina倍率
iPad（10.2"）	810	1080	2
iPad Air（10.9"）	820	1180	2
iPhone Xs Max / 11 Pro Max	414	896	3
iPhone XR / 11	414	896	2
iPhone12/iPhone 12 Pro	390	844	3
iPhone X / iPhone Xs / 11 Pro	375	812	3
iPhone 6 〜 8 Plus	414	736	3
iPhone 6 〜 8	375	667	2

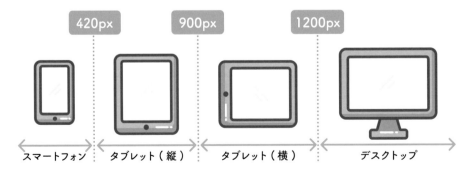

この例では0〜420pxをスマートフォン、421〜900pxをタブレット（縦）、901〜1200pxをタブレット（横）、それ以上をデスクトップサイズとして指定しています。

デバイスによって画面幅は異なるので、ブレークポイントは厳密な数値を記述するよりも、ある程度余裕を持たせた数値を指定するとよいでしょう。

また、Retina倍率とはデバイスの解像度の倍率ことで、数値が大きいほどよりくっきりときれいに表示されます。これはメディア特性の「resolution」で指定できます。

様々なレスポンシブ対応例がわかるギャラリーサイト

以下のWebデザインギャラリーでは素敵なWebサイトのレスポンシブ対応例が一覧で表示されています。スマートフォン、タブレット、デスクトップとそれぞれの画像が用意されているのでどのような作りになっているのか、制作時の参考にするとよいでしょう。

Responsive Web Design JP

日本国内の秀逸なレスポンシブWebデザインを集めたギャラリーサイトです。スマートフォン表示、タブレット表示、デスクトップ表示でスクリーンショット画像がまとめられています。

http://responsive-jp.com/

Media Queries

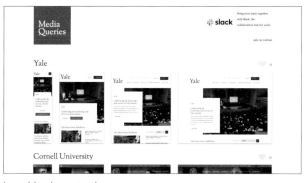

海外のレスポンシブ対応したWebサイトを集めたWebサイトです。4つの画面幅でスクリーンショット画像を表示しています。

https://mediaqueri.es/

2-8

CHAPTER

表示領域にピタッと移動する方法

ページをスクロールする時に、見せたいエリアで止まってもらえるよう、機能を追加していきましょう。

スクロールの停止位置を指定できる「スクロールスナップ」

「**CSS スクロールスナップ**」を使えばスクロールした時に画面に「ピタッ」と各エリアを表示できます。これまでJavaScript で実装していた滑らかな動きやスクロール位置の調整も、今はCSSだけで気軽に実装できます。

画像を大きく使うフルスクリーンレイアウトや画像ギャラリーと相性が良く、適したレイアウトや挙動を実現するために、覚えておくとよいでしょう。

スクロールスナップの基本

「ピタッ」と移動させたい各要素を親要素で囲みます。次から紹介するデモサイトでは親要素に「container」いうクラスをつけました。

chapter2/Demo-Bakery/index.html

```html
<div class="container">
    <section class="hero">
        <h1 class="title">WCB Bakery</h1>
        ... コンテンツ内容 ...
    </section>

    <section class="menu">
        <div class="wrapper">
            <h2 class="title">Menu</h2>
            ... コンテンツ内容 ...
        </div>
    </section>

    <section class="contact">
        <h2 class="title">Contact</h2>
        ... コンテンツ内容 ...
    </section>
</div>
```

親要素を囲む

スクロールスナップさせるために最低限必要なプロパティは右の通りです。

高さを「100vh」にすることで画面領域いっぱいに広げて、フルスクリーンレイアウトとして表示できます。

次からは各プロパティについて1つずつ解説します。

chapter1

chapter2

chapter3

chapter4

chapter5

chapter6

chapter7

chapter8

CSS chapter2/Demo-Bakery/css/style.css

```css
.container {
    overflow: auto;
    scroll-snap-type: y mandatory;
    height: 100vh;
}
section {
    height: 100vh;
    scroll-snap-align: start;

    /* 背景画像を画面いっぱいに表示させる指定 */
    background-size: cover;
    background-repeat: no-repeat;
    background-position: center center;
}
```

画面いっぱいに広げる指定

スクロールする軸

親要素に指定するscroll-snap-typeプロパティでスクロール位置を調整する軸を決定します。

縦方向にスクロール「scroll-snap-type: y」

値を「y」にすれば縦方向にスクロールさせたエリアをピタッと止めます。特にフルスクリーンレイアウトのWebサイトで利用するとよいでしょう。

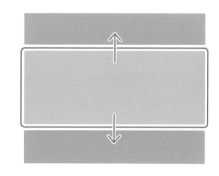

 デモファイル chapter2/08-demo1

HTML chapter2/08-demo1/index.html

```html
<div class="container">
  <div class="area">1</div>
  <div class="area">2</div>
  <div class="area">3</div>
  <div class="area">4</div>
  <div class="area">5</div>
</div>
```

各エリアを親要素「.container」で囲む

CSS chapter2/08-demo1/style.css

```css
.container {
  overflow: auto;
  scroll-snap-type: y;
  height: 100vh;
}
.area {
  scroll-snap-align: start;
  height: 100vh;
}
```

親要素に「scroll-snap-type」を追加

横方向にスクロール「scroll-snap-type: x」

値を「x」にすれば横方向にスクロールを止めます。カルーセル画像などで利用できます。モバイル端末とも相性がよい記述です。要素の横並びにはフレックスボックスを使っています（フレックスボックスについてはP.103参照）。

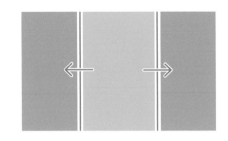

▶ デモファイル chapter2/08-demo2

🄷 chapter2/08-demo2/index.html

```html
<div class="container">
  <div class="area">1</div>
  <div class="area">2</div>
  <div class="area">3</div>
  <div class="area">4</div>
  <div class="area">5</div>
</div>
```

🄲 chapter2/08-demo2/style.css

```css
.container {
  overflow: auto;
  scroll-snap-type: x;
  display: flex;
}
.area {
  scroll-snap-align: start;
  height: 100vh;
  width: 50vw;
  flex: none;
}
```

縦・横 両方向にスクロール「scroll-snap-type: both」

「both」にすれば縦にも横にも移動し、スクロールの動きを停止できます。タイル型レイアウトなど、多くの要素が敷き詰められているWebサイトに使えます。レイアウト組みにはCSSグリッドを使っています（CSSグリッドについてはP.260参照）。

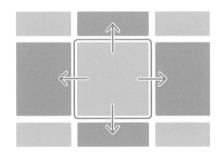

※カルーセル…画像や文章などのコンテンツを左右にスライドして見せる手法。

▶ デモファイル chapter2/08-demo3

HTML chapter2/08-demo3/index.html

```html
<div class="container">
  <div class="area">1</div>
  <div class="area">2</div>
  <div class="area">3</div>
  <div class="area">4</div>
  <div class="area">5</div>
  <div class="area">6</div>
  <div class="area">7</div>
  <div class="area">8</div>
  <div class="area">9</div>
  <div class="area">10</div>
</div>
```

CSS chapter2/08-demo3/style.css

```css
.container {
  overflow: auto;
  scroll-snap-type: both;
  display: grid;
  grid-template-columns: repeat(5, 42vw);
  grid-template-rows: repeat(3, 42vw);
  gap: 1rem;
  height: 100vh;
}
.area {
  scroll-snap-align: start;
}
```

値を「both」にすると上下左右にスクロールできる

スクロールの調整位置「scroll-snap-type」

scroll-snap-typeプロパティで、スクロールの方向に続いてどの程度厳密に位置調整を行うかも設定できます。

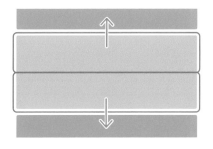

厳密に位置を調整「mandatory」

「mandatory」を追加すると、現在表示しているエリアか、次のエリアか、どちらか一方のみが表示されます。デモサイトではこの指定をしています。

 ▶ デモファイル chapter2/08-demo4

HTML chapter2/08-demo4/index.html

```html
<div class="container">
  <div class="area">1</div>
  <div class="area">2</div>
  <div class="area">3</div>
  <div class="area">4</div>
  <div class="area">5</div>
</div>
```

CSS chapter2/08-demo4/style.css

```css
.container {
  overflow: auto;
  scroll-snap-type: y mandatory;
  height: 100vh;
}
.area {
  scroll-snap-align: start;
  height: 100vh;
}
```

「mandatory」で次のエリアに吸い付くように移動

chapter2

中間地点にいる場合はその位置で停止「proximity」

「proximity」だと「ピタッ」と固定される位置に近ければそちらに、そうでなければスクロール位置の調整は行われず、中間地点で止まります。

つまり「mandatory」の方がピタッと感が強く、「proximity」はそれよりもゆるやかなピタッと感になります。

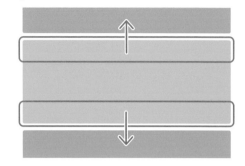

▶ デモファイル　chapter2/08-demo5

 chapter2/08-demo5/index.html

```
<div class="container">
  <div class="area">1</div>
  <div class="area">2</div>
  <div class="area">3</div>
  <div class="area">4</div>
  <div class="area">5</div>
</div>
```

CSS chapter2/08-demo5/style.css

```
.container {
  overflow: auto;
  scroll-snap-type: y proximity;
  height: 100vh;
}
.area {
  scroll-snap-align: start;
  height: 100vh;
}
```

「proximity」に指定するとゆるやかに移動

親要素のどの位置でピタッと停止させるか「scroll-snap-align」

scroll-snap-align プロパティは子要素に記述します。エリアのどの位置をベースラインとしてピタッと停止させるかを指定できます。

エリアの開始位置「start」

値を「start」とすればエリアの開始位置でスクロールを停止します。要素を縦に並べていたなら上辺、横に並べていたなら左辺がベースラインです。

chapter1

chapter2

chapter3

chapter4

chapter5

chapter6

chapter7

chapter8

 デモファイル chapter2/08-demo6

 chapter2/08-demo6/index.html

```html
<div class="container">
  <div class="area">1</div>
  <div class="area">2</div>
  <div class="area">3</div>
  <div class="area">4</div>
  <div class="area">5</div>
</div>
```

chapter2/08-demo6/style.css

```css
.container {
  overflow: auto;
  scroll-snap-type: y mandatory;
  height: 100vh;
}
.area {
  scroll-snap-align: start;
  height: 70vh;
}
```

「scroll-snap-align」は親要素ではなく子要素に追加

エリアの終わりの位置「end」

「end」ではエリアの終わりの位置でスク
ロールを停止します。要素を縦に並べていた
なら下辺、横に並べていたなら右辺がベース
ラインです。

ベースライン

 デモファイル chapter2/08-demo7

 chapter2/08-demo7/index.html

```html
<div class="container">
  <div class="area">1</div>
  <div class="area">2</div>
  <div class="area">3</div>
  <div class="area">4</div>
  <div class="area">5</div>
</div>
```

chapter2/08-demo7/style.css

```css
.container {
  overflow: auto;
  scroll-snap-type: y mandatory;
  height: 100vh;
}
.area {
  scroll-snap-align: end;
  height: 70vh;
}
```

● エリアの中央「center」

「center」では中央を位置するように調整されます。

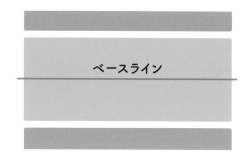

ベースライン

▶ デモファイル chapter2/08-demo8

HTML chapter2/08-demo8/index.html

```
<div class="container">
  <div class="area">1</div>
  <div class="area">2</div>
  <div class="area">3</div>
  <div class="area">4</div>
  <div class="area">5</div>
</div>
```

CSS chapter2/08-demo8/style.css

```
.container {
  overflow: auto;
  scroll-snap-type: y mandatory;
  height: 100vh;
}
.area {
  scroll-snap-align: center;
  height: 70vh;
}
```

2-9
CHAPTER

練習問題

本章で学んだことを実際に活用できるようにするため、手を動かして学べる練習問題をご用意いたしました。練習問題用に用意されたベースファイルを修正して、以下の装飾を実装してください。

1. 見出しのフォントをGoogle Fontsの「Lobster」に変更する
2. 400px以下になると、見出しの文字サイズを「3rem」に変更する
3. スクロールスナップで各エリアにピタッと移動させる

ベースファイルを確認しよう

 練習問題ファイル：chapter2/09-practice-base

エリアごとに色分けされた縦に長いWebページを用意しました。

デスクトップサイズ。スクロールスナップが実装されていない。

モバイル版。見出しの文字サイズが大きいままなので少し読みづらく、文字も一部はみ出している。

解答例を確認しよう

 練習問題ファイル：chapter2/09-practice-answer

実装中にわからないことがあれば、Chapter8の「サイトの投稿と問題解決（P.333）」を参考にまずは自分で解決を試みてください。その時間が力になるはずです！ 問題が解けたら解答例を確認しましょう。

デスクトップサイズ。見出しのフォントが変わっている。

モバイルサイズ。見出しの文字サイズが小さくなっている。

2-10

CHAPTER

カスタマイズしよう

本章で作成したベーカリーショップのランディングページのWebサイトをカスタマイズしてみましょう。シンプルな構造なので、いろんなジャンルで活用することができます。

カスタマイズの手順

突然「カスタマイズしよう！」と思っても、何をどうすればよいのかわからないですよね。以下の手順を追って進めていきましょう。

01 Webサイトのテーマを決める

まずは作成する**Webサイトの目的**や、**コンテンツの内容**、**メインターゲット**となるユーザーを考えましょう。ご自身でテーマが思いつかない場合は、下記のお題を参考にしてください。

お題

- 20代男性をメインターゲットにしたオンラインプログラミング学習サイト。シンプルでクールなイメージ。無料体験コースに誘導したい。
- 20代後半〜30代前半の女性をメインターゲットにしたお花屋さん。大人っぽい可愛らしさのある雰囲気。オンラインショップに誘導したい。
- 30代の夫婦をメインターゲットにした住宅展示場のイベント告知サイト。信頼感のある真面目なイメージ。見学会の予約をして欲しい。

02 コンテンツ内容を変更する

テーマに沿ったキャッチコピーやコンテンツの内容を考えます。同じジャンルの他のWebサイトを参考にしてもよいでしょう。

03 装飾を変更する

テーマやコンテンツの内容に合った装飾に変更します。フォントや文字サイズ、配色、使用する画像を変更するだけでまったく違ったWebサイトに見えるはずです。場合によってはレイアウトも変えて、見え方の違いを確認してもよいでしょう。

お花屋さんのWebサイトにカスタマイズした例

このWebサイトのカスタマイズポイント

　本章のデモサイトは大きな背景画像や装飾されたフォントが特徴です。その他の文章は少ないので、文字を「読ませる」というより絵を「見せる」Webサイトです。そのためユーザーがひと目で何のサイトなのかわかりやすく、一瞬で引き込まれるような魅力的な画像を用意する必要があります。

みんなに見てもらおう

　せっかく素敵にカスタマイズしたなら、誰かに見てもらいたいですよね！「#WCBカスタマイズチャレンジ」というハッシュタグをつけてTwitterでツイートしてください！作成したWebページをサーバーにアップロードして公開してもよいですし、各ページのスクリーンショット画像を添付するだけでもOK！楽しみにしています！

「装飾とカラムレイアウト」

—

情報を配信する Web サイトとして広く愛されているブログ。よく見てみると様々なパーツで構成されていることがわかります。本章では読みやすく印象に残る装飾の実装方法を学びましょう。

CHAPTER

03

HTML & CSS & WEB DESIGN

3-1
CHAPTER

作成するブログサイトの紹介

ブログサイトでおなじみの2カラムレイアウトのWebサイトを見ていきましょう。猫について紹介する可愛らしい印象のブログです。

ホームページ

記事ページ

■ メディアクエリーでスマートフォンでの閲覧に対応させる

このサイトでは**モバイルファースト**を採用し、はじめにモバイルサイズのコーディングをしてからデスクトップサイズに合わせるよう記述しています。デスクトップサイズではフレックスボックスで2カラムの横並びに変更します。

モバイル版ホームページ

モバイル版記事ページ

各要素を装飾する

高解像度ディスプレイにも対応しやすいよう、装飾部分はなるべくCSSのみで作成します。画像を使わずCSSで実装すると今後のメンテナンスも楽になります。

点線でステッチ風のボタン

少し歪んだ楕円の画像

CATEGORY

- 猫の種類
- 食事・フード
- 健康・病気
- 猫の生態
- 猫と暮らす

二重線にアイコンを重ねた見出し

初めて猫を飼う人必見！猫を飼うときに必要なもの

斜線を使った見出し

ボックスをスクロールに合わせて追従させる

ページをスクロールすると、サイドバーの人気記事の位置まで到達した時点でその要素を固定表示にし、スクロールに合わせて追従させます。文章量の多いコンテンツや、目次などに使える技です。

表示領域が人気記事の見出しまでくると、人気記事を固定表示させる

フォルダー構成

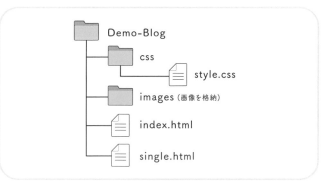

3-2
CHAPTER

2カラムのレイアウトを知る

Webページの構成としてよく目にする、メインコンテンツとサブコンテンツにわかれた2カラムのレイアウトです。どのようなタイプがあるのか確認しておきましょう。

2カラムのレイアウトとは

2つのカラムを使って構成されたレイアウトが2カラムのレイアウトです。左右のカラムの横幅に強弱をつけ、広い幅のカラムにメインコンテンツを置き、狭い幅のカラムにナビゲーションメニューなどを置きます。**メインエリア**と**サブエリア**に分ける方法です。

ブログやニュースサイトなどの情報量の多いWebサイトに効果的なレイアウトです。なお、近年では左右を同じ比率で分ける**スプリットレイアウト**を見かける機会も増えました。コンテンツ内容に合わせてカラムの幅を実装するとよいでしょう。

左ナビゲーションの
2カラムレイアウト

右ナビゲーションの
2カラムレイアウト

中央で画面を半分割にする
スプリットレイアウト

2カラムのレイアウトのメリット

Webサイト内の回遊率の向上が期待できる

メインコンテンツを表示させるカラムと、付加情報などを掲載させるサイドカラムを横並びにすることで、画面のスペースを有効活用することができます。

サイドカラムは他ページへのリンクや検索フォーム、お知らせなどを掲載できます。ユーザーにはメインコンテンツをしっかりと読んでもらうと同時に、サイドカラムで別のページにも誘導できます。通常、サイドカラムはメインエリアとともにスクロールされますが、一部を固定表示にもできます。特に見て欲しい情報をサイドカラムに固定させてアピールすることもできます。

スペースの有効活用になる2カラムのレイアウト

　ブログやニュースサイトなど、文章が主体のWebサイトの場合、コンテンツの横幅があまりに長くなるとユーザーは字を追いづらくなり可読性が下がります。しかし、読みやすさを考えてメインカラムの横幅を設定すると、デスクトップサイズで閲覧した時に左右にスペースが残ってしまいます。

　そこで、2カラムの構成にすればそのスペースも活用できるため、制作側にもユーザー側にも扱いやすいレイアウトとなるのです。

メインカラムの横幅が広いと、視線を動かす距離が長くなり、長文が読みづらくなります。

メインカラムの横幅を狭めた分、空いたスペースを活用でき、視線を動かしやすくなります。

2カラムのレイアウトの注意点

メインコンテンツへの集中力が低下する

　シングルカラムに比べるとスクリーン上に表示される情報量が増えるため、ユーザーのメインコンテンツへの集中力が低下する可能性が高いです。1つのコンテンツにじっくりフォーカスさせたい場合はシングルカラム、メインコンテンツ以外にも補足情報を表示させたい場合は2カラム、というように使い分けることが重要です。

小さいスクリーンでは文字が読みづらい

　スマートフォンなどの画面が小さなデバイスで2カラムのレイアウトを実装すると、それぞれのコンテンツがぎっしりと詰まってしまいます。文字が読みづらいだけではなく誤操作にも繋がります。スマートフォンなどのモバイルデバイスではシングルカラムに切り替えるなど工夫するとよいでしょう。

2カラムのレイアウトのWebサイト例

SENDAI INC.···https://sendai-inc.com/

Type/Code···https://typecode.com/

　サイドバーに検索ボックス、ニュース、SNSへのリンクなどが掲載されています。メインカラムの方が量が多く、一定の位置まで読み進むとサイドバーが固定表示になります。

　画面を半分割にしたスプリットレイアウトが採用されています。見せるコンテンツと読ませるコンテンツの融合がうまくできています。

COLUMN

—

Webサイトで使える様々なレイアウト一覧

　Chapter 1で紹介しているシングルカラム、本章で紹介している2カラムのレイアウトの他にも様々なレイアウトがあります。ここでは多くのWebサイトで使われているその他のレイアウトを紹介します。

■タイル型レイアウト

　四角形の要素を規則正しく並べたレイアウトをタイル型レイアウトやカード型レイアウトと呼びます。

　多くの情報を一度に見せることができるので整った印象になります。レスポンシブデザインとも相性がよく、画像ギャラリーやショッピングサイトの商品一覧ページなどでよく利用されます。

画像のみの他、四角形のボックスにテキストや画像を配置してもよいでしょう。

モザイクレイアウト

　タイル型レイアウトの中には各々のサイズが違うものがあります。Masonry（メイソンリー）レイアウトとも呼ばれ、大きさの違う要素を隙間なく敷き詰めたレイアウトです。余白や左右のラインを揃えることで、サイズが違っても美しく表現できます。

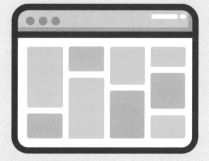

サイズが違うものをぎっしりとすきまなく敷き詰めます。

■マルチカラムレイアウト

　複数のカラムを組み合わせたレイアウトです。デスクトップ画面ではスクロールすることなく多くの情報を表示できるので、ショッピングサイトやニュースサイトなどでよく使われています。ただし、コンテンツが分散して配置されるため、一番見て欲しい情報への誘導が難しくなります。

カテゴリーの多いニュースサイトや掲載品の多いショッピングサイトで活躍します。

フリーレイアウト

　画面全体を使って自由に要素を配置するレイアウトです。要素間にしっかりと余白をとらないと、ただ不揃いに並べただけで見栄えが悪くなってしまうので注意が必要です。Webサイトのコンセプトや世界観を十分に表現できます。要素を重ねたり、ランダムに配置してもよいでしょう。ただしレスポンシブ対応は手間がかかるので、事前にしっかりと構成を考えましょう。

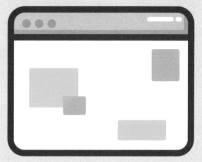

全体のバランスや余白のとり方が難しく、難易度の高いレイアウトです。

3-3
CHAPTER

異なる画面サイズの閲覧に対応させる

メディアクエリーを使って異なる画面サイズに対応させます。デスクトップサイズでは2カラム、モバイルサイズでは1カラムの表示切り替えをマスターしましょう。

画面サイズごとにレイアウトを変更する

モバイルデバイスの画面サイズはPCのデスクトップの画面サイズと比べて圧倒的に小さく、たくさんの情報を表示させるのは困難です。そのため、多くのWebサイトでは複数のカラムを使って構成されているレイアウトの場合、モバイルとデスクトップでレイアウトを変更しています。

Chapter2のデモサイトではメディアクエリーを使って文字サイズなどの装飾の変更を行いました。本章ではメディアクエリーを使ってモバイルサイズではシングルカラム、デスクトップサイズでは2カラムといった変更を行いましょう。

モバイルサイズの作成

このブログサイトはモバイルで閲覧するユーザーが多いと想定して、「**モバイルファースト**」で作成しています。モバイルファーストとはモバイルサイズでの表示を先に作っていく、ということです。各要素は縦並びで配置していき、シングルカラムとして表示しましょう。

モバイル表示

デスクトップサイズの作成

デスクトップサイズ用にはメディアクエリーを使って2カラムに切り替えます。ここではブレークポイントを600pxとし、min-width: 600pxと指定することで「600px以上のサイズ」に適用できるよう準備しています。

CSS chapter3/Demo-Blog/css/style.css

```css
/*
DESKTOP SIZE
============================================== */
@media (min-width: 600px) {
    /* Layout*/
    .container {

    }

    /* Main */
    main {

    }

    /* Aside */
    aside {

    }
}
```

> 600px以上の画面幅では、「.conteiner」「main」「aside」に対して装飾を加えるための準備が完了。スタイルの指定はまだしていないので反映されない

HTMLの指定

HTMLを見てみましょう。ここでは**フレックスボックス**を使って2つのボックスを横に並べます。フレックスボックスとは「Flexible Box Layout Module」のことで、その名の通り柔軟で簡単にレイアウトが組める指定方法です。

まずはフレックスボックスレイアウトの基本的な書き方をマスターしましょう。フレックスコンテナーと呼ばれる親要素の中に、フレックスアイテムと呼ばれる子要素を入れてHTMLは完了です。

HTML chapter3/Demo-Blog/index.html

```html
<div class="container">
    <main>
        ・・・メインコンテンツ・・・
    </main>

    <aside>
        ・・・サイドコンテンツ・・・
    </aside>
</div>
```

> このサイトでは親要素である「container」というクラスのついた<div>タグの中に、子要素である<main>タグと<aside>タグが入っている

CSSの指定

CSSで親要素である「.container」に「display: flex;」を追加するだけで、2つの要素は横並びになります。

他にも幅などの装飾も加えておきましょう。「justify-content」は子要素を水平方向のどの位置に配置するかを指定します。この値を「space-between」とすることで、<main>タグを親要素の左端に、<aside>タグを右端に寄せ、残りの幅は余白として設定できます。

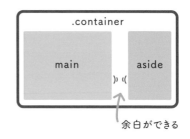

余白ができる

<main>タグと<aside>タグの幅を足した横幅は94%なので、「space-between」で子要素を両端に寄せることで、6%分の余白が発生します

📄 chapter3/Demo-Blog/css/style.css

```css
/*
DESKTOP SIZE
==================================== */
@media (min-width: 600px) {
    /* Layout*/
    .container {
        display: flex;
        justify-content: space-between;
        margin-bottom: 4rem;
        padding: 1rem 2.5rem 2.5rem;
    }

    /* Main */
    main {
        width: 68%;
        margin-bottom: 0;
    }

    /* Aside */
    aside {
        width: 26%;
    }
}
```

フレックスボックスの指定

子要素を水平方向のどの位置にするかの指定

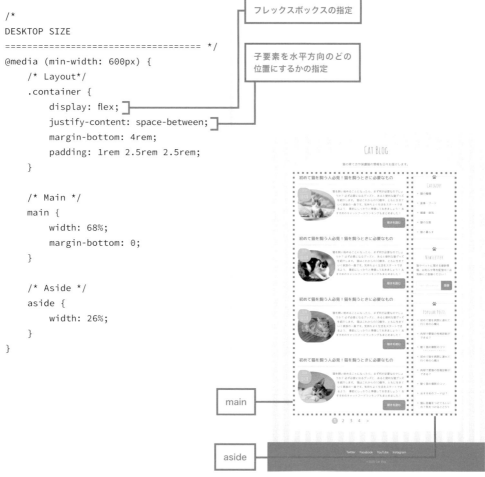

main

aside

デスクトップ表示

カスタマイズ例

高さを基準にしたメディアクエリー

これまで、メディアクエリーを使って「max-width」や「min-width」を指定し、横幅を基準にブレークポイントを決めて装飾を変更していました。このブレークポイントは横幅だけではなく、「max-height（最大の高さ）」や「min-height（最小の高さ）」を使って高さの指定も可能です。

例えばスマートフォンを横にした時、画面上部のヘッダーの高さが大きいとコンテンツが見える範囲はとても小さくなってしまいます。多くのスマートフォンは横にしたときの画面の高さが375〜420pxです。そこでこの場合は「高さが420px以下になるとヘッダーの高さを小さくする」と指定するとよいのです。デモファイルを動かして確認してみましょう。

▶ デモファイル chapter3/03-demo

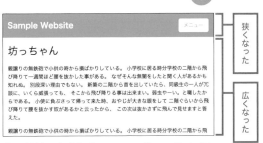

スマートフォンを横にして閲覧するとヘッダーがコンテンツを圧迫しているように見えます。

表示領域の高さによってヘッダーのサイズを調整すると見やすくなりました。

📄 chapter3/03-demo/style.css

```css
@media (max-height: 420px) {
    header {
        padding: 1rem;
    }
    h1 {
        font-size: 1.5rem;
    }
    button {
        padding: .5rem 1rem;
    }
}
```

> 高さが420px以下になるとヘッダーの高さが小さくなる指定

3-4
CHAPTER

各要素を装飾する①（見出し・画像・ボタン）

ブログやニュースサイトなどの読ませることをメインとした Web サイトでは、各要素の装飾が重要です。まずは「見出し」「画像」「ボタン」から装飾の仕方を見ていきましょう。

見出しの装飾

　文章主体の Web サイトだと、見出しをパッと読んで全体の要点をとらえながら読み進めていくユーザーが数多くいます。見出しを丁寧に装飾することで、ユーザーの目に止まりやすくする Web サイトを作っていくとよいでしょう。

見出しに縞模様の下線を加える方法

　要素をラインで囲ったり、下線を引く際は、通常は border プロパティで実装します。このラインに一工夫を加えてみます。

　本章のデモサイトの記事の見出し文には画像を使わず、CSS で縞模様を作りました。見出しを\<div\>タグで囲み、その\<div\>タグには CSS のグラデーションを使って斜めの縞模様にします❶。それだけだと文字が読みづらいので、\<h2\>要素の背景色を白にして❷、下部のみ縞模様を見せています。「.post-title」の \<padding-bottom\> の値を調整すると線の太さを変えられます❸。

初めて猫を飼う人必見！猫を飼うときに必要なもの

\<h2\>タグの白い背景色がないと縞模様だけ表示されます。文字が読みづらい印象です。

初めて猫を飼う人必見！猫を飼うときに必要なもの

縞模様の要素の上に白い背景色の要素を重ねています。文字が読みやすくなりました。

📄 chapter3/Demo-Blog/index.html

```html
<div class="post-title">
    <h2><a href="#">初めて猫を飼う人必見！猫を飼うときに必要なもの</a></h2>
</div>
```

見出しの \<h2\> タグを \<div\> タグで囲む

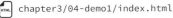

CSS　chapter3/Demo-Blog/css/style.css

```
.post-title {
    padding-bottom: 10px;
    background-image: linear-gradient(45deg, #fff 30%, #ccc 30%, #ccc 50%, #fff 50%,     ❶
#fff 80%, #ccc 80%, #ccc 100%);
    background-size: 6px 6px;
    margin-bottom: 1.5rem;
}
.post-title h2 {
    background: #fff;                                                                      ❷
    padding: 0 .5rem .875rem;                                                              ❸
    font-size: 1.5rem;
    font-family: 'M PLUS Rounded 1c', sans-serif;
    font-weight: 500;
    line-height: 1.5;
}
.post-title a {
    color: #949087;
    text-decoration: none;
}
```

カスタマイズ例：蛍光ペンで線を引いたような見出しにする

　テキストに背景色をつけるだけなら「background」で指定できますし、下線を引くなら「border-bottom」で実装できます。しかし、太めの線をテキストに少し被せて表示しようとするにはCSSのグラデーションを使う必要があります（右下の❶）。

　数値を変えると線の太さを調整できます。「padding-bottom」を加えると文字のベースラインより少し下にラインを描画可能です（右下の❷）。色や太さをカスタマイズしてかっこよく仕上げましょう。グラデーションの詳しい指定方法はP.230をご参照ください。

▶ デモファイル　chapter3/04-demo1

HTML　chapter3/04-demo1/index.html

```
<h1>吾輩は猫である。名前はまだ無い。</h1>
```

吾輩は猫である。名前はまだ無い。

文字をなぞったような表現になりました。

CSS　chapter3/04-demo1/style.css

```
h1 {
    font-size: 2rem;
    font-family: sans-serif;
    font-weight: bold;
    display: inline-block;
    background-image: linear-gradient
(transparent 50%, #ff6 50%);                ❶
    padding-bottom: .25rem;                  ❷
}
```

他のWebサイトをのぞいてみよう

LATEST EPISODES

https://shoptalkshow.com/

ドットをベースにしたテキストと装飾で、昔のデジタル画面を表現したデザインです。

カテゴリー別一覧

https://www.kyoto-seika.ac.jp/

下線の色を途中で変え、主張しすぎないアクセントにしています。

「糖質制限ダイエット」って効果あるの？!

https://www.nisshin.com/welnavi/

両端のふわふわ動くグラデーションの四角形が可愛らしい見出しです。

画像の装飾

　ただ画像を貼り付けるだけではなく、画像の周りもこだわって装飾すると、視覚的に面白くなりユーザーも近づきやすくなります。

　要素の四隅の角を丸めるためのCSSプロパティが「**border-radius**」です。ボックスや画像などの要素に適用でき、角丸にしたり、まん丸にしたりと、様々な表現が可能です。本章のデモサイトの記事のサムネイル画像部分では、楕円の円弧を使った歪み具合が面白い角丸を作成しました。

📄 chapter3/Demo-Blog/index.html

```
<img class="post-img" src="images/cat1.jpg" alt="猫">
```

楕円には角丸や正円とは違う愛らしさがあります。

各頂点の丸みの値をスラッシュで区切って指定すると、楕円の円弧をベースにした角丸を実装できます。スラッシュより前に楕円の横の半径を、後ろに縦の半径を記述します。

　なお、正円の場合はスラッシュは不要です。縦と横の半径の値は同じなので、border-radius: 10px; と書くときれいな正円の角丸となります。

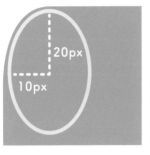

この場合、
「border-radius:
10px/20px;」
と指定します。

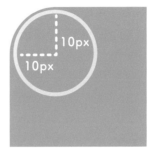

この場合、
「border-radius:
10px;」
と指定します。

　短縮形で記述もできます。楕円の横の半径と縦の半径を「/（スラッシュ）」で区切り、正円のときと同様に、左上、右上、右下、左下の順で、左上を基準に時計回りで記述していきます。

短縮形だとどの値がどの頂点のどの半径なのかがわかりづらくなります。書きながら混乱しないようにしましょう。

　デモサイトでは画面幅が変わっても丸みを維持するため、pxではなく％でサイズを指定しています。縦の値はすべて50％なので、一度にまとめて書いています（次ページ❶）。

　さらに元の画像がどんな比率のものであっても、画像を歪めることなく表示させるために、「object-fit: cover;」を指定します（次ページ❷）。指定した範囲を超えた部分はトリミングされ、アスペクト比※を変えることなく表示できます。

※アスペクト比…画像の縦と横の比率のこと。

```css
.post-img {
    width: 100%;
    height: 260px;
    object-fit: cover;                              ❷
    border-radius: 40% 70% 50% 30%/50%;             ❶
}

/*
DESKTOP SIZE
=============================================== */
@media (min-width: 600px) {
    .post-img {
        width: 220px;
        height: 180px;
    }
}
```

モバイルサイズでは画面幅いっぱいに画像を広げ、デスクトップサイズでは幅を縮めています。

テキストを円形に画像に回り込ませる

　Webでのデザインはどうしても四角形のボックス型になりがちです。しかし「**CSS Shapes**」を使えば、円形や多角形、画像に合わせてと、まわりに横並びにしているテキストを回り込ませて配置することができます。これは雑誌や印刷物の広告などでよく見かけるレイアウトの1つですね！ Webでも表現できるようになれば、デザインの幅がグンッと広がるのではないでしょうか？

　円形にテキストを回り込ませるには、円形要素に「shape-outside: circle();」を与えます。ここでは画像の周りにテキストを回り込ませてみましょう。

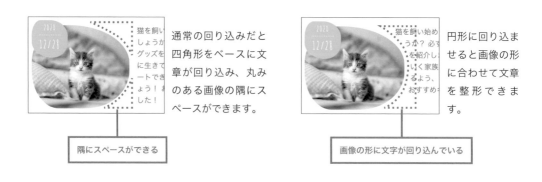

通常の回り込みだと四角形をベースに文章が回り込み、丸みのある画像の隅にスペースができます。

隅にスペースができる

円形に回り込ませると画像の形に合わせて文章を整形できます。

画像の形に文字が回り込んでいる

HTML chapter3/Demo-Blog/index.html

```html
<div class="post-thumb">
    <p class="post-date"><span>2020</span>12/28</p>
    <img class="post-img" src="images/cat1.jpg" alt="猫">
</div>
<p class="post-desc">
    猫を飼い始めることになったら、まず何が必要なのでしょうか?
    必ず必要になるグッズと、あると便利な猫グッズを紹介します。
    猫はこれからの10数年、ともに生きていく家族の一員です。気持ちよく生活をスタートできるよう、
    事前にしっかりと準備しておきましょう!
    おすすめキャットフードランキングもまとめました!
</p>
```

> サムネイル画像を
> `<div>`タグで囲む

CSS chapter3/Demo-Blog/css/style.css

```css
.post-thumb {
    margin: 0 0 1rem 0;
    position: relative;
}

/*
DESKTOP SIZE
============================================== */
@media (min-width: 600px) {
    .post-thumb {
        margin: 0 3rem 1rem 0;
        shape-outside: circle();
        float: left;
    }
}
```

> サムネイル画像を含めた`<div>`タグに
> 「shape-outside」を指定

横並びになるのはデスクトップサイズのみなので、「shape-outside」や「float」の指定はメディアクエリーの指定内に記述します。

カスタマイズ例:四つ葉のクローバーの形で画像を表示

　もう1つ「**border-radius**」を使った画像の表示方法を紹介します。3つの頂点を正円にして花びら型を作り、4つ並べてクローバー型を作ってみましょう。作り方は4つの画像を並べ、それぞれの画像に対して「border-radius」を指定します。ポイントは中央にあたる角のみ、そのまま直角にしておくことです。あとはフレックスボックスを使って並べれば完成です。

デモファイル chapter3/04-demo2

 chapter3/04-demo2/index.html

```html
<div class="clover">
    <img class="spring" src="images/
spring.jpg" alt="" />
    <img class="summer" src="images/
summer.jpg" alt="" />
    <img class="autumn" src="images/
autumn.jpg" alt="" />
    <img class="winter" src="images/
winter.jpg" alt="" />
</div>
```

 chapter3/04-demo2/style.css

```css
.clover {
  display: flex;
  flex-wrap: wrap;
  width: 420px;
  margin: 20px auto;
}
.clover img {
  margin: 5px;
  width: 200px;
}
.spring {
  border-radius: 50% 50% 0 50%;
}
.summer {
  border-radius: 50% 50% 50% 0;
}
.autumn {
  border-radius: 50% 0 50% 50%;
}
.winter {
  border-radius: 0 50% 50% 50%;
}
```

「border-radius」1つとっても
様々な表現が可能です。

他のWebサイトをのぞいてみよう

背景画像やイラストを重ねて華
やかさを演出しています。

http://www.diane-bonheur.com/

画像をぼかした影が透明感
と立体感を出しています。

https://o3mist.bollina.jp/

画像の縁をふんわりとぼかして
柔らかい印象にしています。

https://www.budounotane.com/

COLUMN

—

デザインに困った時に役立つサイト

　どんなデザインにしようか悩んだときは、色々なWebサイトを眺めて参考にすることもあります。しかしそれだけだと自分のデザインの引き出しを増やすのは難しく、ただコピーしただけのデザインになってしまいます。デザインの見た目だけではなく、そのデザインは「なぜ必要なのか」「どう使ってほしいのか」を考える癖をつけていきましょう。

◼ マネるデザイン研究所

　素敵なWebサイトのマネをしたくなるポイントや応用できる場面、懸念点をまとめたWebサイトです。なんとなく他のWebサイトを眺めているだけでなく、ポイントを押さえて応用することでより深くデザインと向き合えるでしょう。

https://maneru-design-lab.net/

◼ Design patterns

　リンクやギャラリー、サムネイル画像、入力欄など、Webサイト上で使われる要素について「なぜこの要素が必要なのか」「どんな問題を解決してくれるのか」という解説から、参考例をあげて詳しいデザインのヒントをまとめています。英語サイトですが必見です。

https://ui-patterns.com/patterns

ボタンの装飾

　問い合わせやダウンロードなど、ボタンはWebサイトの成果達成にもつながる大切な要素です。他の要素と差別化し、かつ使い勝手も考慮してデザインを行いましょう。

　本章のデモサイトではボックスの周りを糸で縫い付けたような装飾にしました。ボックスの周りには「border: 2px dashed #e38787;」で破線を加えています❶。さらにその外側に「box-shadow」でぼかしのかかっていないボックスシャドウを加えることで、このような表現が可能です❷。「box-shadow」の記述方法は

　　box-shadow: 横向きの影の位置　縦向きの影の位置　ぼかしの大きさ　影の大きさ　影の色；

となり、半角スペースで値を区切ります。今回は

　　box-shadow: 0 0 0 5px #eda1a1;

と設定しており、「ボックスと同じ位置に、ぼかしなしで、5pxの大きさの影を「#eda1a1」の色で加える」という指定をしています。ボックスの背景色と影の色を揃えることで、ボタンが大きく広がっているような表現になっています。

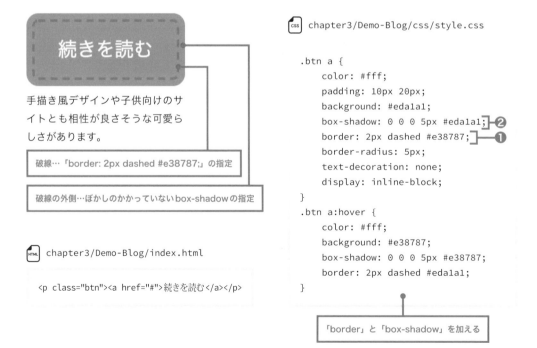

手描き風デザインや子供向けのサイトとも相性が良さそうな可愛らしさがあります。

> 破線…「border: 2px dashed #e38787;」の指定

> 破線の外側…ぼかしのかかっていないbox-shadowの指定

[HTML] chapter3/Demo-Blog/index.html

```html
<p class="btn"><a href="#">続きを読む</a></p>
```

[CSS] chapter3/Demo-Blog/css/style.css

```css
.btn a {
    color: #fff;
    padding: 10px 20px;
    background: #eda1a1;
    box-shadow: 0 0 0 5px #eda1a1;   ❷
    border: 2px dashed #e38787;   ❶
    border-radius: 5px;
    text-decoration: none;
    display: inline-block;
}
.btn a:hover {
    color: #fff;
    background: #e38787;
    box-shadow: 0 0 0 5px #e38787;
    border: 2px dashed #eda1a1;
}
```

> 「border」と「box-shadow」を加える

カスタマイズ例：フラットだけど立体的なボタン

　影のない単色で塗られたフラットなデザインのボタンは押した感じが伝えづらいところがあります。そこで「box-shadow」でぼかしのない影をつけて立体感を出してみましょう❶。カーソルを合わせた時は「top」の値を少し変え、ボタンを押し込んでいるような動きを加えました❷。

▶ デモファイル chapter3/04-demo3

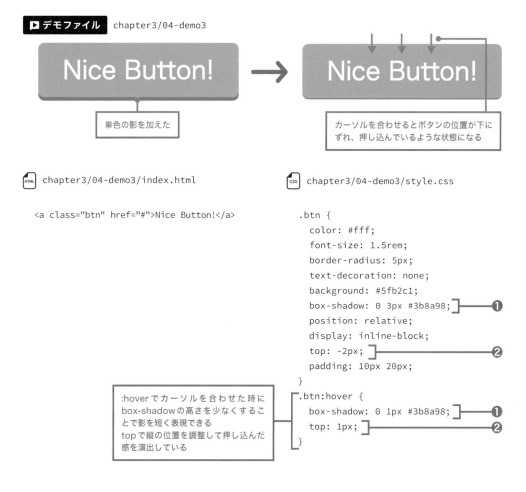

`HTML` chapter3/04-demo3/index.html

```
<a class="btn" href="#">Nice Button!</a>
```

`CSS` chapter3/04-demo3/style.css

```
.btn {
    color: #fff;
    font-size: 1.5rem;
    border-radius: 5px;
    text-decoration: none;
    background: #5fb2c1;
    box-shadow: 0 3px #3b8a98;     ❶
    position: relative;
    display: inline-block;
    top: -2px;                     ❷
    padding: 10px 20px;
}
.btn:hover {
    box-shadow: 0 1px #3b8a98;     ❶
    top: 1px;                      ❷
}
```

:hoverでカーソルを合わせた時にbox-shadowの高さを少なくすることで影を短く表現できるtopで縦の位置を調整して押し込んだ感を演出している

他のWebサイトをのぞいてみよう

斜線を加え、フラットデザインながら立体感も演出しています。

https://payme.tokyo/

カーソルを合わせると背景にグラデーションが流れるように表示します。グラデーションのラインがきれいです。

https://www.nijitoumi.jp/

—

positionプロパティを使って位置を指定する

「position」をすごく大まかにいうと「要素の位置を決める」ためのプロパティになります。通常の表示位置とは違う場所に要素を配置したり、異なる要素を重ね合わせるには、このpositionプロパティを使います。

■ 相対位置を決める値「relative」

▶ **デモファイル** chapter3/column1-demo1

本来表示するべき位置を基準に相対的な位置を決めるのが「position: relative;」です。

一緒に「top」、「right」、「bottom」、「left」を記述して、具体的にどの位置にするのかを指定します。

プロパティ	意味
top	上からの距離
right	右からの距離
bottom	下からの距離
left	左からの距離

📄 chapter3/column1-demo1/index.html

```
<p>ご不明点は<a href="#">下のフォーム</a>からお問い合わせください。</p>
```

📄 chapter3/column1-demo1/style.css

```
a {
    background: #0bd;
    color: #fff;
    padding: 6px;
    display: inline-block;
    position: relative;
    top: 40px;
    right: 20px;
}
```

positionプロパティの指定

ご不明点は 下のフォーム からお問い合わせください。

リンクテキストの本来の表示位置です。

ご不明点は ↓40px 下のフォーム ←20px からお問い合わせください。

本来の表示位置より上から40px、右から20pxの位置にずらしました（上記のデモファイルの状態）。

■ 絶対位置を決める値「absolute」

▶ デモファイル　chapter3/column1-demo2

　親要素を基準に絶対的な位置を決めるのが「position: absolute;」です。本来の位置は無視され、回りにどんな要素や余白があろうと必ず指定した位置に配置されます。

　親要素に「position: relative;」を指定することで、その親要素を基準として設定できます。もし親要素に「position: relative;」の指定がなければ、ブラウザーの画面を基準の範囲とします。こちらも「relative」と同様に「top」、「right」、「bottom」、「left」を記述して、具体的にどの位置にするのかを指定します。

🅷🆃🅼🅻 chapter3/column1-demo2/index.html

```html
<div class="absolute">画面サイズを基準にしたボックス</div>

<div class="parent">
    <div class="child">親要素を基準にしたボックス</div>
</div>
```

🅲🆂🆂 chapter3/column1-demo2/style.css

```css
.absolute {
    background: #0bd;
    position: absolute;
    top: 60px;
    right: 20px;
}
.parent {
    background: #ddf5c4;
    border: 2px solid #a0d469;
    width: 50vw;
    height: 50vh;
    position: relative;
}
.child {
    background: #a0d469;
    position: absolute;
    left: 100px;
    bottom: 0;
}
```

「.absolute」に対する absolute の指定

「.parent」に対する relative の指定

「.child」に対する absolute の指定

親要素がない<div>タグは画面の上から60px、右から20pxの位置に配置しています。親要素に「position: relative;」がある<div>タグは親要素の左から100px、最下部に配置されます。

3-5
CHAPTER

各要素を装飾する②（箇条書きリスト・番号付きリスト）

ユーザーの目に止まらせる装飾も派手すぎたり、全体の統一感のないデザインだと逆に文章を読みづらくさせてしまうこともあります。特に本節で紹介していくリストの装飾は注意しましょう。

箇条書きリストの装飾

　箇条書きはユーザーに箇条書きであることが伝わればよいのであまり派手な装飾は避けたほうがよいでしょう。それぞれ何の項目なのかがわかりやすく、1つひとつ読みやすく整理することが大切です。

　箇条書きリストにはリスト項目の左端に丸いマーカーがつきます。このマーカーの色は「list-style」などで変更はできません。そのため、色を変えるにはli要素に「::before」で**疑似要素**※を作る必要があります❶。そこに「content: '';」で空の要素を作成し❷、サイズや色などを加えて❸「border-radius」で円形にしています❹。

　なおリセットCSSを読み込ませていない場合はul要素に「list-style:none」を加える必要があります。

工夫次第で様々な形にアレンジできます。

HTML chapter3/Demo-Blog/single.html

```
<ul>
    <li>キャットフード</li>
    <li>トイレとトイレ砂</li>
    <li>食器</li>
</ul>
```

CSS chapter3/Demo-Blog/css/style.css

```
article ul li::before {          ❶
    content: '';                 ❷
    width: 8px;                  ❸
    height: 8px;
    border-radius: 50%;          ❹
    background: #93d8d0;
    display: inline-block;       ❸
    margin: 0 8px 2px 0;
}
```

li要素の前に疑似要素を作成し、円形を作成している

※疑似要素…HTMLには記述されていない要素をCSSによって新たに作り出す架空の要素のこと。やや複雑なので、理解されていない方はP.122からはじまる長めのCOLUMNをご参照ください。

カスタマイズ例：Font Awesomeを使ったマーカー

▶ デモファイル chapter3/05-demo1

　デフォルトで指定できるリストマーカーの種類は限られています。好みのアイコンに変更するには背景画像として設置する他、P.070で紹介したFont Awesomeを使うことも可能です。

　P.072の通りFont Awesomeを読み込ませた後、CSSで疑似要素を使ってアイコンを設置します。フォントに「Font Awesome 6 Free」を指定し、content プロパティにはFont Awesome側で指定された文字コードを記述します。文字コードは各アイコンのページ の 他、「Font Awesome Cheatsheet… https://fontawesome.com/cheatsheet/ free/solid」で確認しましょう。

❤バラの花言葉は「愛」
❤ピンクのバラは「完璧な幸せ」
❤白いバラは「私はあなたにふさわしい」

色も自由に変えることができ、デザインの自由度が高くなります。

Solid Icons

アイコン	名前	コード		アイコン	名前	コード		アイコン	名前	コード		アイコン	名前	コード
	ad	f641		address-book	f2b9		address-card	f2bb		adjust	f042
	air-freshener	f5d0		align-center	f037		align-justify	f039		align-left	f036
	align-right	f038		allergies	f461		ambulance	f0f9		american-sign-language-interpreting	f2a3
	anchor	f13d		angle-double-down	f103		angle-double-left	f100		angle-double-right	f101
	angle-double-up	f102		angle-down	f107		angle-left	f104		angle-right	f105
	angle-up	f106		angry	f556		ankh	f644		apple-alt	f5d1
	archive	f187		archway	f557		arrow-alt-circle-down	f358		arrow-alt-circle-left	f359
	arrow-alt-circle-right	f35a		arrow-alt-circle-up	f35b		arrow-circle-down	f0ab		arrow-circle-left	f0a8
	arrow-circle-right	f0a9		arrow-circle-up	f0aa		arrow-down	f063		arrow-left	f060
	arrow-right	f061		arrow-up	f062		arrows-alt	f0b2		arrows-alt-h	f337
	arrows-alt-v	f338		assistive-listening-systems	f2a2		asterisk	f069		at	f1fa
	atlas	f558		atom	f5d2		audio-description	f29e		award	f559
	baby	f77c		baby-carriage	f77d		backspace	f55a		backward	f04a
	bacon	f7e5		balance-scale	f24e		balance-scale-left	f515		balance-scale-right	f516
	ban	f05e		band-aid	f462		barcode	f02a		bars	f0c9
	baseball-ball	f433		basketball-ball	f434		bath	f2cd		battery-empty	f244
	battery-full	f240		battery-half	f242		battery-quarter	f243		battery-three-quarters	f241
	bed	f236		beer	f0fc		bell	f0f3		bell-slash	f1f6
	bezier-curve	f55b		bible	f647		bicycle	f206		biking	f84a
	binoculars	f1e5		biohazard	f780		birthday-cake	f1fd		blender	f517
	blender-phone	f6b6		blind	f29d		blog	f781		bold	f032
	bolt	f0e7		bomb	f1e2		bone	f5d7		bong	f55c
	book	f02d		book-dead	f6b7		book-medical	f7e6		book-open	f518
	book-reader	f5da		bookmark	f02e		border-all	f84c		border-none	f850

　設置したいアイコンの右側にある4桁の英数字に「\」をつけて「content」に指定しましょう。例えば掲載されている4桁の英数字が「f004」だった場合は、contentプロパティの値を「"\f004"」とします。

📄 chapter3/05-demo1/index.html

```html
<ul>
    <li>バラの花言葉は「愛」</li>
    <li>ピンクのバラは「完璧な幸せ」</li>
    <li>白いバラは「私はあなたにふさわしい」
</li>
</ul>
```

📄 chapter3/05-demo1/style.css

```css
ul li::before {
    font-family: "Font Awesome 6 Free";
    font-weight: 900;
    content: "\f004";
    color: #f66;
}
```

Font Awesomeの指定

他のWebサイトをのぞいてみよう

リストのマーカーを「Q」にし、質問リストであることを表現しています。
https://www.necolico.co.jp/business/dokkyo/

チェックマークと下線で項目をより強調できています。
https://trial.norel.jp/

小さなアイコンで何の項目なのかを示しています。
https://lattice.com/

番号付きリストの装飾

　申し込み手順や応募手順など、番号付きリストを使う時はユーザーになにかしらの操作をお願いしている場面が多いでしょう。ユーザーに違う順序で認識されたり、見落とされることのないように明確に示す必要があります。

　箇条書きリストと同様、番号付きリストの色を変更するのも疑似要素を使います。ただしカスタマイズには「counter-increment」というあまり見慣れないプロパティを使用する必要があります。「counter-increment」は要素の連番の値を数えるプロパティで、Webページ内にその要素が使われるたびに、値の数が増えていきます。

　「counter-increment」の値には任意のカウンター名を指定します。「li::before」にはcontentプロパティでそのカウンター名を指定し、数えた要素の数を表示します。この部分に色などの装飾を加えましょう。

　なお、リセットCSS（P.036参照）を読み込ませていない場合はol要素に「list-style:none」を加える必要があります。

```
1 ドライフードA
2 ウェットフードB（C配合のもの）
3 ドライフードD チキン味
```

番号付きリストを指定し、CSSで色を変更しています。この他、文字サイズやフォントを変えてもおもしろい装飾になりそうです。

HTML chapter3/Demo-Blog/single.html

```html
<ol>
    <li>ドライフードA</li>
    <li>ウェットフードB（C配合のもの）</li>
    <li>ドライフードD チキン味</li>
</ol>
```

li 要素にcounter-increment で「list」という名前をつけ、li 要素が利用されるたびに数を数えるという指定

CSS chapter3/Demo-Blog/css/style.css

```css
article ol li {
    counter-increment: list;
}
article ol li::before {
    content: counter(list);
    color: #93DFB8;
    display: inline-block;
    margin-right: 8px;
}
```

上の数を疑似要素として表示している

カスタマイズ例：数字を円で囲む

▶ デモファイル　chapter3/05-demo2

　数字の色を変えるときと同様、疑似要素と「counter-increment」を使って装飾します。背景色やサイズなどを指定するだけで華やかな装飾となります。位置の微調整が必要なので、P.039で紹介したデベロッパーツールを使いながら「line-height」や「margin」を指定していきましょう。

🅷🆃🅼🅻 chapter3/05-demo2/index.html

```html
<ol>
    <li>肥料ABC</li>
    <li>D社 EFG肥料（HI配合のもの）</li>
    <li>J社 KLM肥料</li>
</ol>
```

1. 肥料ABC
2. D社 EFG肥料（HI配合のもの）
3. J社 KLM肥料

派手すぎる装飾はコンテンツの邪魔になりがちです。色や形はWebサイト全体のデザインと統一させましょう。

🅲🆂🆂 chapter3/05-demo2/style.css

```css
ol li {
    counter-increment: list;
    margin-bottom: 0.25rem;
    line-height: 1.25;
}
ol li::before {
    content: counter(list);
    color: #fff;
    background: #0bd;
    border-radius: 50%;
    font-size: .75rem;
    width: 1.25rem;
    height: 1.25rem;
    line-height: 1.75;
    text-align: center;
    display: inline-block;
    margin-right: 0.25rem;
    vertical-align: top;
}
```

他のWebサイトをのぞいてみよう

1つひとつの項目を角丸の枠で囲って、難しく思われがちな施工手順を親しみのある印象にしています。

https://hiraco-anesis.com/

フォームを送信するまでの流れを箇条書きリストで表現。現在のステップのみ色を変え、視覚的にもわかりやすい作りです。

https://matsumoto-seikeigeka.com/contact/

01　Using the axios module.

02　Implementing Authentication in Nuxt.

03　Nuxt.js official documentation.

番号の色を変え、余白をたっぷり取ってすっきりと読みやすく工夫されています。

https://www.smashingmagazine.com/

疑似要素とは

疑似要素とは、HTMLには記述されていない要素をCSSによって新たに作り出す架空の要素です。疑似要素をうまく使いこなせるようになると、CSSだけで実に幅広い表現が可能となります。

疑似要素の使い方

CSSでタグやクラス名、ID名などのセレクターの後に「::before」や「::after」をつけ、contentプロパティと組み合わせて、疑似要素を生み出します。

contentプロパティには、その位置に挿入したいテキストや画像などのコンテンツを記述します。

覚えておいて欲しいのが、**このcontentプロパティを使って表示したテキストは選択したり、コピーやペーストができない**ことです。文章として扱いたい場合は、CSSを使わず、HTML内に記述する必要があります。

「before」と「after」の違い

「::before」を使うと要素の前に、「::after」を使うと要素の後に疑似要素が挿入されます。書き方は疑似要素に「content:"テキストの内容";」を加えます。テキストはシングルまたはダブルクォーテーションで囲むのを忘れずにしておいてください。

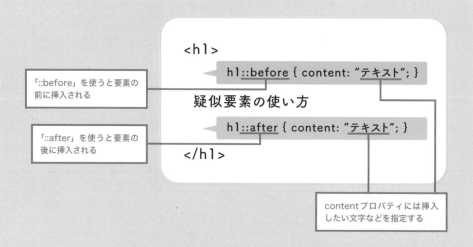

「::before」を使うと要素の前に挿入される

「::after」を使うと要素の後に挿入される

contentプロパティには挿入したい文字などを指定する

::afterのデモファイル ▶デモファイル chapter3/column2-demo1

以下の例では「new」というクラスのついたリストに「::after」をつけ、文字列の最後に「NEW!」というテキストを表示しています。

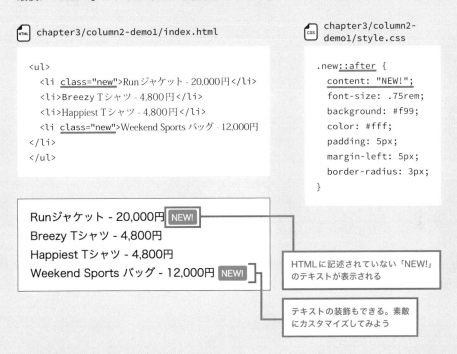

HTML chapter3/column2-demo1/index.html

```
<ul>
  <li class="new">Runジャケット - 20,000円</li>
  <li>Breezy Tシャツ - 4,800円</li>
  <li>Happiest Tシャツ - 4,800円</li>
  <li class="new">Weekend Sports バッグ - 12,000円
</li>
</ul>
```

CSS chapter3/column2-demo1/style.css

```
.new::after {
  content: "NEW!";
  font-size: .75rem;
  background: #f99;
  color: #fff;
  padding: 5px;
  margin-left: 5px;
  border-radius: 3px;
}
```

Runジャケット - 20,000円 NEW!
Breezy Tシャツ - 4,800円
Happiest Tシャツ - 4,800円
Weekend Sports バッグ - 12,000円 NEW!

HTMLに記述されていない「NEW!」のテキストが表示される

テキストの装飾もできる。素敵にカスタマイズしてみよう

:(コロン)の数「:before/:after」と「::before/::after」の違い

Webサイト制作を解説している書籍やWebサイトのCSSのサンプル等で「:before」や「:after」と書かれたものと、「::before」、「::after」と書かれたものの2種類を見かけたことがあるかもしれません。これはCSSのバージョンの違いによって書き方が違うからになります。

CSS2まではコロン1つで記述していましたが、現行のCSS3になってコロンが2つになりました。現状、コロン2つの使い方で問題ないと思いますが、IE8以下の古いブラウザーには対応していないので、もし対応する必要があるならこれまで通りコロン1つにしておきましょう。

▶ 疑似要素の活用例①：画像を表示する

`▶ デモファイル` chapter3/column2-demo2

「content」にはテキストだけでなく、画像を指定することも可能です。背景画像を指定するのと同じように、urlで画像のパスを記述します。次の例ではリンク先やファイルタイプによってアイコンを変更しています。

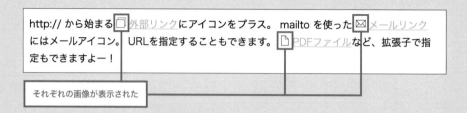

それぞれの画像が表示された

`HTML` chapter3/column2-demo2/index.html

```
<p>
    http:// から始まる<a href="http://example.com">外部リンク</a>にアイコンをプラス。
    mailto を使った<a href="mailto:hello@example.com">メールリンク</a>にはメールアイコン。
    URLを指定することもできます。<a href="example.pdf">PDFファイル</a>など、拡張子で指定もできますよー！
</p>
```

`CSS` chapter3/column2-demo2/style.css

```
a::before {
    padding: 0 5px;
}
/* 外部リンク */
a[href^="http://"]::before {
    content: url(images/link.svg);
}
/* メール */
a[href^="mailto:"]::before {
    content: url(images/email.svg);
}
/* PDF */
a[href$=".pdf"]::before {
    content: url(images/doc.svg);
}
```

それぞれの画像を
指定している

CSS では [href^="http://"] と書いて href 属性の値を指定しています※。

※ ^= は属性の始めのテキスト、$= は属性の終わりのテキストを指定できます。

■ 疑似要素の活用例②：空の要素　　▶ デモファイル　chapter3/column2-demo3

　「content」の値に何も入力せず、「 '' 」または「 "" 」とだけ記述することで、空の
要素を作り出せます。シングルクォーテーション、ダブルクォーテーションどちらで
もかまいません。空の要素にサイズや背景色などを指定すれば、HTMLにはない図形
を描画できます。この例では見出しの左右に高さ2pxのボックスを作り出し、「display:
flex;」で横並びにすることで文字をラインで貫いているような表現をしています。

疑似要素で空の要素を表示する

サイズや色を変えるだけでいろんなバリエーションが考えられます。

HTML　chapter3/column2-demo3/index.html

```
<h1>疑似要素で空の要素を表示する</h1>
```

CSS　chapter3/column2-demo3/style.css

```
h1 {
    display: flex;
    font-size: 2rem;
}
h1::before,
h1::after {
    flex: 1;
    height: 2px;
    content: '';
    background-color: #ddd;
    position: relative;
    top: 1rem;
}
h1::before {
    margin-right: 1rem;
}
h1::after {
    margin-left: 1rem;
}
```

3-6
CHAPTER

各要素を装飾する③（引用文・ページ送り・囲み枠）

疑似要素やFont Awesomeを使って引用文やページ送りの装飾を作っていきます。囲み罫は「border」や「outline」を使います。どれもWebサイト制作で出てくる要素なので覚えておきましょう。

引用文の装飾

引用文はユーザーの声や推薦文を表示するときに使えます。「カギカッコ」や「クォーテーションマーク」をワンポイントにして注目を促すとよいでしょう。

引用文は<blockquote>タグで囲みます。ただ背景色をつけるだけだと物足りないので、装飾として引用符をつけてみましょう。

こちらも「::before」と「::after」の疑似要素を使って自動的に文章の前後にクォーテーションマークを表示させます。blockquote要素に「position: relative;」をつけて基準となる位置を指定し❶、前後のクォーテーションマークには「position: absolute;」で基準範囲内の絶対位置を設定します❷。contentプロパティに指定した「\201C」は「"」を、「\201D」は「"」を表します❸。

> 66
> リラックスしているときの猫の目はとってもおだやか。敵意がなく、相手に好意をもっているときは、目を細めたり、瞬きをします。ときどきウインクをしてくれますよ。
> 99

文章の前後にクォーテーションマークを付けています。なお、クォーテーションマーク以外の記号やマークに変えても素敵なデザインになります。

🔲 chapter3/Demo-Blog/single.html

```
<blockquote>
    <p>
        リラックスしているときの猫の目はとってもおだやか。
        敵意がなく、相手に好意をもっているときは、目を細めたり、瞬きをします。
        ときどきウインクをしてくれますよ。
    </p>
</blockquote>
```

「blockquote」で
引用文を作成

Demo-Blog/css/style.css

```css
article blockquote {
    position: relative;
    padding: 1rem 3rem 1rem 3rem;
    margin-bottom: 1rem;
}
article blockquote::before,
article blockquote::after {
    font-size: 6rem;
    font-family: georgia, serif;
    color: #ccc;
    position: absolute;
    line-height: 0;
}
article blockquote::before {
    content: '\201C';
    top: 2.5rem;
    left: 0;
}
article blockquote::after {
    content: '\201D';
    bottom: .5rem;
    right: 0;
}
```

❶

「blockquote」の前後に疑似要素を
作成し、引用符を表示させている

❷

❸

❸

カスタマイズ例：カギカッコを使った引用文

引用文の装飾にクォーテーションマークを使っているデザインは多いですが、日本の形式であるカギカッコの方が身近に感じるかもしれません。カギカッコも疑似要素で表現可能です。「content: '';」で空の疑似要素を作成し❶、「border」でラインを描けば完成です❷。

▶ **デモファイル** chapter3/06-demo1

余白や行間をしっかり取って上品に仕上げました。

chapter3/06-demo1/index.html

```html
<blockquote>
    <p>
        「天は人の上に人を造らず人の下に人を造らず」と言えり。
        されば天より人を生ずるには、万人は万人みな同じ位にして、生まれながら貴賤上下の差別なく、
        万物の霊たる身と心との働きをもって天地の間にあるよろずの物を資り、
        もって衣食住の用を達し、自由自在、互いに人の妨げをなさずしておのおの安楽にこの世を渡らしめ給うの趣意。
    </p>
</blockquote>
```

chapter3/06-demo1/style.css

```css
blockquote {
    position: relative;
    padding: 2rem;
}
blockquote::before,
blockquote::after {
    content: '';
    width: 40px;
    height: 40px;
    position: absolute;
}
blockquote::before {
    border-top: 2px solid #ccc;
    border-left: 2px solid #ccc;
    top: 0;
    left: 0;
}
blockquote::after {
    border-bottom: 2px solid #ccc;
    border-right: 2px solid #ccc;
    bottom: 0;
    right: 0;
}
```

> 40x40pxの疑似要素を作成し、borderでラインを引く

❶

❷

❷

他のWebサイトをのぞいてみよう

吹き出しを使って実際に会話しているような表現にしています。

https://www.shiseido.co.jp/revital/

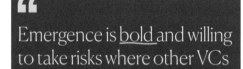

本文はエレガントな細字、クォーテーションマークを角張った書体にしてアクセントにしています。

https://www.emcap.com/

> "Dribbble is the single most important social network for anyone that cares about design. It's done more to help us build our team and brand than Facebook, Twitter and Instagram combined.
>
> Dave Traver, Sticker Mule
>
> More testimonials

Webサイトのテーマカラーであるピンクとイラストを加えて、読みやすくまとめています。

https://dribbble.com/

ページ送りの装飾

ブログやお知らせなどの記事一覧ページで、ページを分割している時に使われるのがページ送りです。ページ送りは**ページネーション**とも言われます。1ページで完結しないことを示す時に有効な機能です。

本章のデモサイトでは「display: flex;」で横並びにしたリストを装飾しています❶。デザインのポイントは現在表示しているページと、カーソルを合わせた時に現れる色を分けている点です。色をわけることで現在地を視覚的にもわかりやすくしています。また、正円にするために「width」と「height」の数値を統一し❷、「border-radius: 50%;」で丸みを加えています❸。

現在表示しているページは薄いグレーに、カーソルを合わせると薄い緑色に変化します。

📄 chapter3/Demo-Blog/index.html

```html
<ul class="pagination">
    <li><span class="current">1</span></li>
    <li><a href="#">2</a></li>
    <li><a href="#">3</a></li>
    <li><a href="#">4</a></li>
    <li><a href="#">&gt;</a></li>
</ul>
```

現在地にはspan要素を加える

📄 chapter3/Demo-Blog/css/style.css

```css
.pagination {
    display: flex;                                    ❶
    justify-content: center;
    font-family: 'M PLUS Rounded 1c', sans-serif;
    font-size: 1.5rem;
    text-align: center;
}
.pagination a:hover {
    background: #93d8d0;
    color: #fff;
}
.pagination a,
.pagination .current {
    border-radius: 50%;                               ❸
    padding-top: 4px;
    display: inline-block;
    width: 36px;                                      ❷
    height: 36px;
    margin: 0 6px;
}
.pagination .current {
    background: #ccc;
    color: #fff;
}
```

カスタマイズ例：前後のページへのリンク

ページ数を3つ、4つと並べたページ送りだけではなく、前後のページへのリンクを表示しているWebサイトも多くあります。特にモバイルサイズでは小さなリンクはタップしづらいため、横に2つのリンクが並んでいる、下に示すタイプの方が使いやすいでしょう。

記述は<a>タグを横並びにしているだけなので、複雑なコードではありません。この例ではFont Awesomeで矢印アイコンを表示させたり❶、端のみ角丸にするなどの装飾にとどめています❷。

▶ デモファイル chapter3/06-demo2

← 前の記事へ　　次の記事へ →

ページ送りに比べて、リンクをタップできる範囲が広がるため、モバイルサイズで活用できます。

chapter3/06-demo2/index.html

```html
<div class="pagination">
    <a class="prev" href="#">前の記事へ</a>
    <a class="next" href="#">次の記事へ</a>
</div>
```

左右の装飾が異なるため、それぞれprev, nextのクラスで分けている

chapter3/06-demo2/style.css

```css
.pagination {
    display: flex;
    justify-content: center;
}
.prev,
.next {
    display: inline-block;
    background: #0bd;
    color: #fff;
    margin: 0 1px;
}
.prev:hover,
.next:hover {
    background: #0090aa;
}
.prev {
    border-radius: 2rem 0 0 2rem;        ❷
    padding: 1rem 1rem 1rem 2rem;
}
.next {
    border-radius: 0 2rem 2rem 0;        ❷
    padding: 1rem 2rem 1rem 1rem;
    text-align: right;
}

/* 矢印アイコン */
.prev::before,
.next::after {                            ❶
    font-family: "Font Awesome 6 Free";
    font-weight: 900;
}
.prev::before {
    content: "\f060";                    ❶
    margin-right: .5rem;
}
.next::after {
    content: "\f061";                    ❶
    margin-left: .5rem;
}
```

矢印アイコンの表示には疑似要素を利用している

他のWebサイトをのぞいてみよう

< **Goooooooooogle** >

Previous   1 **2** 3 4 5 6 7 8 9 10   Next

ロゴとの組み合わせ方や、現在地のみ色を変えて
いるところなど秀逸なデザインです。

https://www.google.co.jp/

疑似要素を使って最後の要素にのみ三角形を加え、
全体を矢印のように見せています。

https://themify.me/

下線を引いたシンプルなスタイル。すっきりとま
とめられます。

https://paradigm-shift.co.jp/

chapter1

chapter2

chapter3

chapter4

chapter5

chapter6

chapter7

chapter8

COLUMN

—

ふりがな（ルビ）を振る

ふりがなの指定はHTMLの <ruby> タグを使います。ふりがなを振りたいテキスト
とふりがなを <ruby> タグで囲い、ふりがなには <rt> タグ（= Ruby Text）を使います。

▶ **デモファイル**　chapter3/column3-demo

　chapter3/column3-demo/index.html

```
<p><ruby>真奈<rt>マナ</rt></ruby></p>
<p><ruby>三次<rt>みよし</rt>ワイナリー</ruby></p>
<p><ruby>Web Creator Box<rt>ウェブクリエイターボックス</rt></ruby></p>
```

マ ナ
真奈

みよし
三次ワイナリー

ウェブクリエイターボックス
Web Creator Box

テキストとふりがなの文字数が違っても、
自動で調整してくれます。

■ 囲み枠の装飾

コンテンツを1つのまとまりとして見せたい時によく使われるのが囲み枠です。デザインとして気をつけることは、枠の縁と文章の間に余白がないと非常に読みづらく、デザイン的にも美しくなくなることです。装飾を加えるなら特に十分なスペースを保つことが大切です。

本章のデモサイトではサイドバーのコンテンツを区切る箇所を二重線と肉球アイコンで装飾しました。通常、「border」で指定された線は要素のすぐ外側に表示されますが、「outline」を使うとさらにその外側に縁取りとして線を加えることができます。

外側の線には2pxの線を、内側の線は「border-radius」と組み合わせて1pxの丸みを帯びた線を指定しています。また、outline-offsetプロパティを使うと、線から指定の距離だけ離して表示できます。肉球アイコンは疑似要素でFont Awesomeを使って表示しています。アイコンを線にかぶせ、上部中央に表示させたいので「position」を使って位置を調整します。さらにアイコンの背景色を白にしてアイコン部分に線が重なって見えないよう設定しました。

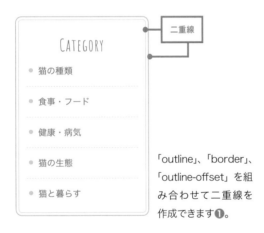

「outline」、「border」、「outline-offset」を組み合わせて二重線を作成できます❶。

「.side-box」の前に疑似要素をつけてFont Awesomeを使って肉球アイコンを表示します❷。

親要素である「.side-box」に「position: relative;」で表示する位置の基準に設定し❸、アイコンのある疑似要素に「position: absolute;」でどこに表示するかを指定します❹。「left: 0; right: 0; margin: auto;」とすることで要素の中央に表示できます❺。

アイコンのある疑似要素に白い背景色を指定して、線とアイコンが重ならないように指定します❻。

chapter3/Demo-Blog/index.html

```html
<div class="side-box">
    <h3>Category</h3>
    <ul>
        <li><a href="#">猫の種類</a></li>
        <li><a href="#">食事・フード</a></li>
        <li><a href="#">健康・病気</a></li>
        <li><a href="#">猫の生態</a></li>
        <li><a href="#">猫と暮らす</a></li>
    </ul>
</div>
```

全体を side-box クラスで囲む

chapter3/Demo-Blog/css/style.css

```css
.side-box {
    margin-bottom: 4rem;
    border: 1px solid #ccc;
    outline: 2px solid #ccc;
    outline-offset: 4px;
    border-radius: 6px;
    padding: .875rem;
    position: relative;
}
.side-box::before {
    display: block;
    width: 2rem;
    height: 2rem;
    text-align: center;
    background: #fff;
    position: absolute;
    top: -1rem;
    left: 0;
    right: 0;
    margin: auto;
/* Font Awesome */
    font-family: 'Font Awesome 6 Free';
    font-weight: 900;
    color: #949087;
    font-size: 1.5rem;
    content: '\f1b0';
}
```

❶ ❸ ❻ ❹ ❺ ❷

ラインとアイコンを重ねる指定

カスタマイズ例：手書き風のふにゃんと曲がった歪み線

▶ デモファイル chapter3/06-demo3

画像部分でも使用した楕円の半径を使って、手書き風の歪んだ線を表現できます。まず「border-radius」で楕円の円弧を使った角丸を指定します。その上で「border プロパティ」を使って線の幅や色、スタイルを指定しています。

人間用の食べ物ではなく、必ず猫用のドライフードやウェットフードを用意しましょう。 総合栄養食と書かれたものを用意してください。 ドライフードとウェットフードを併用してもいいでしょう。

歪み具合や線、背景の色、スタイルなどを変えて画像の形をアレンジできます。

HTML chapter3/06-demo3/index.html

```html
<p>
    人間用の食べ物ではなく、必ず猫用のドライフードやウェットフードを用意しましょう。
    総合栄養食と書かれたものを用意してください。
    ドライフードとウェットフードを併用してもいいでしょう。
</p>
```

CSS chapter3/06-demo3/style.css

```css
p {
    background: #efefef;
    padding: 1.5rem;
    max-width: 400px;
    margin: 2rem auto;
    border-radius: 15rem 1rem 8rem 1rem / 1rem 12rem 1rem 12rem;
    border: 2px dashed #999;
}
```

> 楕円の円弧を指定して形を歪ませる指定

※楕円の指定方法はP.109を参照してください。

他のWebサイトをのぞいてみよう

ジグザグな不揃い感や、ワンポイントとして置かれた画像から活発で個性的な印象を表現しています。

http://www.ohtake.ac.jp/food_beauty/

左上の枠からはみ出した吹き出しをワンポイントにしています。見出しを目立たせ、文字数の多い回答文は小さくすっきりとまとめられています。

https://kids-shuzankai.com/

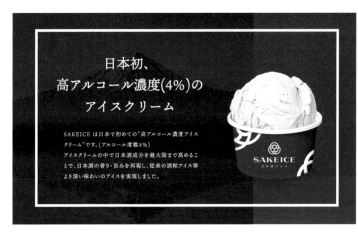

ほんのり見える背景画像に被せながら太めのラインで囲っています。ラインとテキストの間にたっぷり余白を取っているので、太いラインでもすっきりとしたデザインに見えます。

https://sakeice.jp/

3-7

CHAPTER

各要素の装飾④ (ヘッダー・フッター・ナビゲーション・表・フォーム)

ヘッダーやフッターなど、どのページにも共通して表示させる要素は、より見やすさ・わかりやすさを重視して装飾するとよいでしょう。

ヘッダーの装飾

　Webサイトのページが表示されて一番最初にユーザーが目にするのが、ヘッダーを含めたファーストビューエリアです。パーツとしてロゴやナビゲーションメニューを設置するWebサイトが多くあります。

　本章のデモサイトはナビゲーションメニューを置かず、ロゴとWebサイトの説明文のみを掲載したシンプルなヘッダーです。<body>タグに縦縞の背景画像を、<header>タグには猫の形を表した透過画像を指定しました。

Cat Blog

猫の育て方や保護猫の情報を日々お届けします。

シンプルながら、なんのWebサイトなのかをわかりやすくしたヘッダーです。

<body>タグに設置した縦縞のラインの画像です。背景に配置されています。

<header>タグに設置した猫の頭を連想させる背景透過の画像です。

chapter3/Demo-Blog/index.html

```
<header>
    <h1 class="page-title">Cat Blog</h1>
    <p class="page-desc">猫の育て方や保護猫の情報を日々お届けします。</p>
</header>
```

> header 内にブログタイトルと説明文を記述

CSS chapter3/Demo-Blog/css/style.css

```
body {
    color: #949087;
    font-family: sans-serif;
    background: #faf6ed url('../images/bg.png');
}

header {
    max-width: 1000px;
    margin: 2.5rem auto 0;
    background: url('../images/header.svg') no-repeat center top/cover;
    height: 170px;
}
```

> body にページ全体にかかる縦縞の背景画像を指定

> header に上部のみ表示させる猫型の背景画像を指定

カスタマイズ例：カーソルを合わせるとサブメニューを表示する

1つのメニューの中に複数のカテゴリーがある場合は、カーソルを合わせた時にサブメニューを表示しているWebサイトを見たことがあると思います。これはCSSのみで実装可能です。

リストの中にリストを記述し、通常は「display: none;」で非表示にします❶。サブメニューのある\<li\>タグに「has-menu」というクラスを付与して❷、「has-menu」のリストにカーソルを合わせると（＝hoverすると）「display: block;」で表示させています❸。サブメニューの位置は「position」を使って指定しましょう❹。

デザインの観点でいうと、どのメニューにサブメニューがあるのかわかりやすいように、Font Awesomeを使って下矢印のアイコンを表示させています❺。

▶ デモファイル chapter3/07-demo1

Font Awesome で ✓ を指定

「サービス」にカーソルを合わせると、その下にサブメニューが表示されます。

```html
<nav>
    <ul class="main-menu">
        <li><a href="#">ホーム</a></li>
        <li class="has-menu">
            <a href="#">サービス</a>
            <ul class="sub-menu">
                <li><a href="#">サービス A</a></li>
                <li><a href="#">サービス B</a></li>
                <li><a href="#">サービス C</a></li>
            </ul>
        </li>
        <li><a href="#">会社概要</a></li>
        <li><a href="#">お問い合わせ</a></li>
    </ul>
</nav>
```

❷

> サブメニューは\<li\>タグの中に
> \<ul\>タグで用意する

```css
/* メインメニュー */
.main-menu {
    display: flex;
```
～～～～～～～～～～～～～～～～～～～～～～
```css
    margin: 1rem;
}
.main-menu a:hover {
    background: #0090aa;
}

/* サブメニュー */
.sub-menu {
    position: absolute;
    top: 4.5rem;
    left: 1rem;
}
```

❹

```css
.sub-menu a {
    margin: 1px;
    width: 180px;
    background: #666;
}

/* サブメニューのあるメニュー */
.has-menu {
    position: relative;
}
.has-menu > a::after {
    font-family: "Font Awesome 6 Free";
    font-weight: 900;
    content: "\f078";
    margin-left: .5rem;
}
```

❺

```css
/* 通常はサブメニューを非表示 */
.has-menu .sub-menu {
    display: none;
}
/* カーソルを合わせるとサブメニューを表示 */
.has-menu:hover .sub-menu {
    display: block;
}
```

❶

❸

他のWebサイトをのぞいてみよう

画面左上にロゴ、右側にナビゲーションメニューを横並びに設置した標準的なレイアウト。言語切替リンクが見えやすい場所に表示されています。

https://i-ne.co.jp/

通常左上に置かれることの多いロゴ画像を画面中央に配置し、左右のメニューの種別を分けています。

https://www.smashmallow.com/

背景に動画を設置し、躍動感とインパクトのあるファーストビューにしています。

https://n-oyanagi.com/holostruction/

大きな背景画像とキャッチコピーを掲載するパターン。ヘッダー部分にはそれらを邪魔しないようにロゴとメニューアイコンを両端に配置しています。

https://www.jaf-co.jp/craftmanship/

フッターの装飾

ページの最下部に位置するフッターは、コピーライトのみのシンプルなものから、全ページへのリンクや問い合わせ先を掲載したものまで、多種多様です。

本章のデモサイトではSNSリンクとコピーライトを掲載したシンプルなフッターにしました。配色もメインコンテンツの邪魔にならないよう、背景色と文字色を同系色でまとめています。

`[HTML]` chapter3/Demo-Blog/index.html

```html
<footer>
    <ul class="footer-nav">
        <li><a href="https://twitter.com/">Twitter</a></li>
        <li><a href="https://facebook.com/">Facebook</a></li>
        <li><a href="https://youtube.com/">YouTube</a></li>
        <li><a href="https://instagram.com/">Instagram</a></li>
    </ul>
    <p><small>&copy; 2020 Cat Blog</small></p>
</footer>
```

コピーライトは<small>タグで囲む[※]

`[CSS]` chapter3/Demo-Blog/css/style.css

```css
footer {
    background: #949087;
    text-align: center;
    padding: 3rem;
}
footer ul {
    display: flex;
    justify-content: center;
    margin-bottom: 2rem;
}
footer li {
    margin: 0 12px;
}
footer a {
    color: #fff;
}
footer a:hover {
    color: #c7c3ba;
}
footer small {
    color: #c7c3ba;
    font-size: .875rem;
}
```

メニューはflexで横並びにする

※<small>タグは以前「文字を小さくする」という意味のタグでしたが、HTML5では免責・著作権・ライセンス要件などの注釈を表すタグとなりました。タグの意味が変更されているので注意しましょう。

カスタマイズ例：フッターを最下部に固定表示

コンテンツの高さが足りないと、フッターが画面中ほどに表示され、フッターの下に意図せぬスペースが空いてしまいます。これは「flex」を使って解決できます。HTMLに余分な要素を足さなくてもいいので、手軽に実装できます。

CSSではフッターの上にくる要素（この例だと<article>タグ）に対して「flex: 1;」を加えてフッターを押し下げるところがポイントです。<html>タグと<body>タグに対して「height: 100%;」とすることで、Internet Explorer（IE）でもきちんと実装できます。

▶ デモファイル　chapter3/07-demo2

「flex」は「flex-grow」の略で、親要素に余白がある場合の子要素の伸び率を指定します。数値を指定することで、<article>タグ部分を下まで引き伸ばし、<footer>タグ部分を最下部に設置できます。

HTML chapter3/07-demo2/index.html

```html
<body>
<article>
    <h1>自己紹介</h1>
    <p>
        Webデザイナー +Webデベロッパーの Mana です。
        日本で2年間グラフィックデザイナーとして働いた
後、カナダ・バンクーバーにある Web 制作の学校を卒業。
        カナダやオーストラリア、イギリスの企業で Web デ
ザイナーとして働きました。
        現在は Web サイト制作のインストラクターとして教
育関連頑張ってます。
    </p>
</article>
<footer>
    <p><small>&copy; 2020 Mana</small></p>
</footer>
</body>
```

<body>タグ内にarticleとfooterを設置

CSS chapter3/07-demo2/style.css

```css
html, body {
    height: 100%;
}
body {
    display: flex;
    flex-direction: column;
}
article {
    flex: 1;
}
```

body内の要素をflex-directionで縦並びにしている。
さらにfooterの上にくるarticleに「flex:1;」を加えてfooterを押し下げている

他のWebサイトをのぞいてみよう

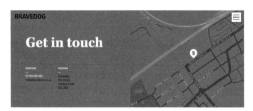

背景と同系色で大きな地図を表示しています。インパクトのあるフッターデザインです。
https://www.bravedog.co.uk/

大きく企業名を表示しています。黒を大きく使用したダイナミックなデザインです。
https://www.ryden.co.jp/

Webサイト内で使われているイラストを配置し、文字を縦書きに表示させたフッターメニューです。
https://tachigui-ume.jp/

ナビゲーションメニューの装飾

　Webデザイナーはユーザーが目的のコンテンツに素早くたどり着けるよう、使いやすいナビゲーションメニューを設置する必要があります。最近では画面幅の狭いデバイスに合わせるために、メニューボタンをクリックしたらナビゲーションメニューが表示される設計のものや、全画面に表示されるメニューのものなどがあり、ナビゲーションの表現の幅が広がっています。

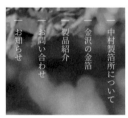

縦書きのナビゲーションメニューです。縦書きは和風のデザインと相性がよいです。

https://nakamura-seihakusho.co.jp/

メニューアイコンをクリックすると大きなパネル式ナビゲーションメニューが表示されます。商品の画像付きで直感的に閲覧したいページを認識させることができます。

http://timesecret.jp/

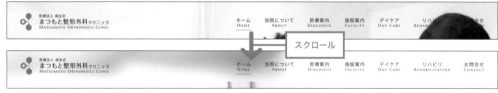

スクロールすると下の要素をぼかして文字を読みやすく工夫しています。　　https://matsumoto-seikeigeka.com/

メニューの横にアイコンをつけてアクセントにしています。

http://www.hopnet.co.jp/

表の装飾

料金表や会社概要、タイムテーブルなどで利用されるのが表です。情報を見やすくまとめることが目的なので、派手な装飾よりもさりげない色使いや細めのラインを活用してデザインを作っていくとよいでしょう。

不揃いの1本線で行を区切り、Webサイト全体の可愛らしいデザインに合わせつつ、読みやすくなるように工夫しています。

https://moomin-art.jp/

表が横に長いため、カーソルをあてると背景色が変わり、ユーザーが今どの列を見ているのかをわかりやすくしています。

https://www.premierleague.com/

行ごとに明度を少し変え、行の違いをさりげなく区別しています。また、キャンペーン価格のみ色を変えることでうまく差別化できています。

https://www.helloscooter.jp/

フォームの装飾

フォームはユーザーに最後まで入力し、送信してもらうまでが目的です。そのためわかりづらいデザインや入力しづらい構成とならないよう、細部まで計画を立てて設置する必要があります。どれが必須項目なのか明記したり、placeholder属性を使って入力例を案内するとよいでしょう。

多くのフォームは四角形を型どりますが、1行の入力欄を下線のみにしておしゃれに装飾されています。

https://moremilk.ru/

画面幅いっぱいに広がる入力フォーム。優しい配色なので威圧感もなく、レスポンシブ対応しやすい構成になっています。

https://www.marunouchi-infra.co.jp/

「必須」の項目を目立つようにわかりやすく表示しています。

http://arataunyu.co.jp/recruit/

3-8

CHAPTER

スクロールに合わせて追従させる

Webページが縦に長くなったとしても常に表示しておきたい要素があります。
ボックスをスクロールに合わせて追従させ、ユーザーを誘導しましょう。

ブログやニュースサイトなど、文章量が多くページが縦に長いWebサイトだと、サイドバーの項目や文章の見出しを常に表示させておきたい場面もあるでしょう。本章のデモサイトではサイドバーの人気記事に「position: sticky;」を指定しました。

ページをスクロールし、表示領域が人気記事の位置まで到達した時点で人気記事を固定表示にし、スクロールに合わせて追従させています。

人気記事はサイドバーの最下部に設置しています。

表示領域に人気記事のブロックが到達すると…

スクロールに合わせて追従されます。

追従させたい要素を１つのブロックにまとめます。ここでは「popular-posts」というクラスを付与しました。

📄 chapter3/Demo-Blog/single.html

```
<div class="side-box popular-posts">
    <h3>Popular Posts</h3>
    <ul>
        <li><a href="#">初めて猫を病院に連れて行く時の心構え </a></li>
        <li><a href="#">肉球で愛猫の性格診断ができる？ </a></li>
        <li><a href="#">動く猫の撮影のコツ </a></li>
        <li><a href="#">おすすめのフードは？ </a></li>
        <li><a href="#">猫に首輪をつけてもいいの？気をつけること５つ</a></li>
    </ul>
</div>
```

> popular-postsというクラスのついた\<div\>タグ

　モバイル版では追従させる必要はないので、メディアクエリーのカッコ内の「popular-posts」クラスに「position: sticky;」を指定します。これで表示領域がこの位置まで達すると、スクロールに合わせて追従するようになります。
　また、一緒に固定する位置も記述する必要があります。「top」「left」「right」「bottom」のうちどれか１つでよいので指定をしましょう。ここでは「top: 1rem;」とし、表示領域の上から1remの位置に人気記事ブロックを固定させています。

📄 chapter3/Demo-Blog/css/style.css

```
/*
DESKTOP SIZE
============================================== */
@media (min-width: 600px) {

・・・省略・・・

    /* 人気記事 */
    .popular-posts {
        position: sticky;
        top: 1rem;
    }
}
```

> メディアクエリー内に追従させるためのスタイルを記述

カスタマイズ例：文章の見出しを追従させる

文章量の多いページで見出しを追従させてみましょう。「position: sticky;」を加えている要素の親要素の終了位置にくると固定が外れます。

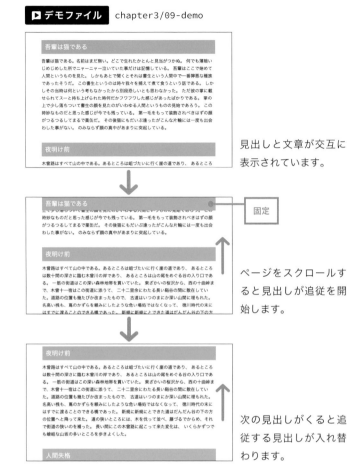

デモファイル chapter3/09-demo

見出しと文章が交互に表示されています。

固定

ページをスクロールすると見出しが追従を開始します。

次の見出しがくると追従する見出しが入れ替わります。

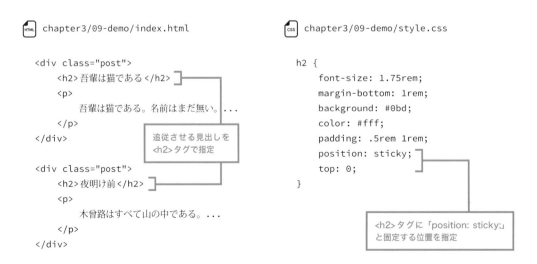

HTML chapter3/09-demo/index.html

```html
<div class="post">
    <h2>吾輩は猫である</h2>
    <p>
        吾輩は猫である。名前はまだ無い。...
    </p>
</div>
<div class="post">
    <h2>夜明け前</h2>
    <p>
        木曾路はすべて山の中である。...
    </p>
</div>
```

追従させる見出しを<h2>タグで指定

CSS chapter3/09-demo/style.css

```css
h2 {
    font-size: 1.75rem;
    margin-bottom: 1rem;
    background: #0bd;
    color: #fff;
    padding: .5rem 1rem;
    position: sticky;
    top: 0;
}
```

<h2>タグに「position: sticky;」と固定する位置を指定

3-9
CHAPTER

練習問題

本章で学んだことを実際に活用できるようにするため、手を動かして学べる練習問題をご用意いたしました。練習問題用に用意されたベースファイルを修正して、以下の装飾を実装してください。

1. リストにリストマーカーを加える（色 #0bd、幅・高さ6pxの四角形）
2. 画面幅が700px以上になるとメインコンテンツとサイドコンテンツを横並びにする（メインコンテンツ幅70%、サイドコンテンツ幅26%で、両者間に4%の余白があるようにする）
3. 画面幅が700px以上の場合、スクロールに合わせて「代表作」ブロックを追従させる

ベースファイルを確認しよう

練習問題ファイル：chapter3/09-practice-base

モバイルサイズにのみ対応させた、縦に長いコンテンツです。

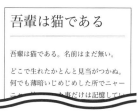

デスクトップサイズ　　　　　　　　モバイルサイズ

解答例を確認しよう

練習問題ファイル：chapter3/09-practice-answer

実装中にわからないことがあれば、Chapter8の「サイトの投稿と問題解決（P.333）」を参考にまずは自分で解決を試みてください。その時間が力になるはずです！問題が解けたら解答例を確認しましょう。

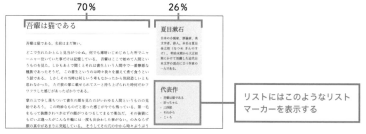

デスクトップサイズ。メインとサイドのコンテンツが横並びになっている

3-10
CHAPTER

カスタマイズしよう

本章で作成した猫ブログのWebサイトをカスタマイズしてみましょう。同じブログでもジャンルが変わるとデザインや見せ方も変わります。パーツのデザインにもこだわってみるとよいでしょう。

このWebサイトのカスタマイズポイント

ブログは文章が主体となるので、読みたいと思わせるような動線やテーマにあった装飾、そして何より読みやすさが重要です。本章で紹介した疑似要素を使ってどんな表現ができるのか試してみてください。

お題

- 20代の社会人向けビジネス書籍を紹介するブログ。青をテーマカラーとして知的なイメージにしたいが、あまり真面目すぎる印象にはしたくない。ブログ経由で紹介した本を購入して欲しい。
- 20代前半の女性をメインターゲットにした低価格のコスメを紹介するブログ。親しみやすく可愛らしい印象。ブログ経由で紹介したコスメを購入して欲しい。
- 40代男性をメインターゲットにした釣りの情報ブログ。海を連想する、爽やかで楽しいイメージ。情報配信するニュースレターに登録して欲しい。

みんなに見てもらおう

素敵なブログが完成したら、いろんな人に見てもらいましょう！ 実際に動作していないテンプレートだけでもOK！ 各ページのスクリーンショット画像や、動きを動画で撮影して投稿するのでも大丈夫です。ぜひTwitterで「#WCBカスタマイズチャレンジ」ハッシュタグをつけて共有してください！

「表組み、フォーム、JavaScript」

—

グラフや表など、企業サイトでは様々なデータを整理して表示する必要もあるでしょう。本章ではお問い合わせに結びつくような Web サイトの構成と、実装方法を学んでいきます。

4-1
CHAPTER

作成するコーポレートサイトの紹介

企業サイトで見かける機会の多い表や問い合わせフォームをはじめ、JavaScript を使ったグラフの描画に挑戦しましょう。

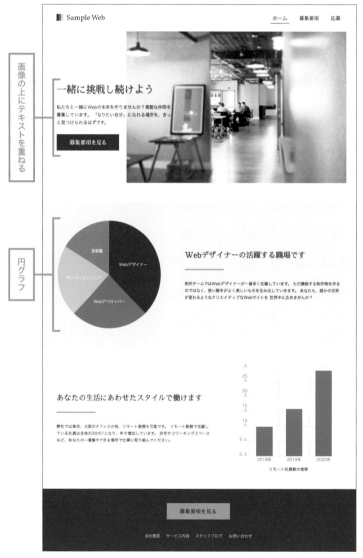

画像の上にテキストを重ねる

円グラフ

ホームページ（デスクトップサイズ）

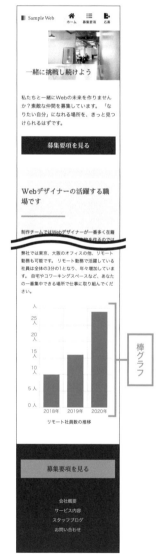

棒グラフ

ホームページ（モバイルサイズ）

募集要項ページ（デスクトップサイズ）

募集要項ページ（モバイルサイズ）

応募フォームページ（デスクトップサイズ）

応募フォームページ（モバイルサイズ）

枠からはみ出す要素を作る

通常は四角形をベースに要素を並べますが画像の上にテキストを重ねて、既存の枠からはみ出すようなレイアウトを作成します。

大きな画像の上にテキストを重ねる。

グラフでもっとわかりやすくする

グラフは画像として作成することも可能ですが、更新や管理のしやすさを考えて、ここでは簡単なJavaScriptを使って描画します。

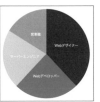

円グラフ

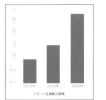

棒グラフ

画像とテキストを互い違いに表示する

HTMLの構造を乱さないよう、CSSで配置を操作します。テキストとグラフをジグザグに表示させることで、見た目に新鮮なリズムを生み出します。

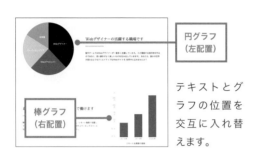

テキストとグラフの位置を交互に入れ替えます。

表でデータを示す

奇数の段には背景色をつけたり、モバイルサイズでは縦並びにして見やすさを追求した作りにします。

あえて表の周りに線をつけず、美しく仕上げます。

モバイルサイズでは縦並びに表示します。

タイムラインを表示する

手順や経歴を見せる時に便利なタイムライン。アイコンを用いて表示していき、線でつなげてフローが見えるように作成します。

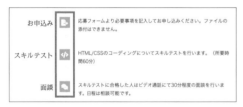

一本の線でつなげることで、一連の流れを示すことができます。

フォームの装飾をする

お問い合わせなどで使うフォームの装飾は、制限が多く手間がかかります。ここは疑似要素を駆使して作成していきます。

チェックボックスやセレクトボックスなど、装飾の難しい要素にも挑戦しましょう。

フォルダー構成

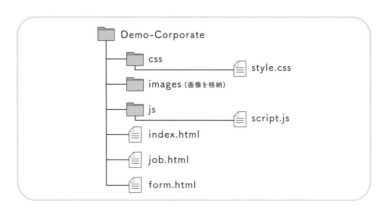

4-2
CHAPTER

枠からはみ出す要素を作る方法

既存の枠にはまらない自由なレイアウトは、新鮮でスタイリッシュな印象をもたらします。実現するには様々な手法がありますが、ここでは比較的簡単に実装できる、背景画像を使って画像とテキストを組み合わせる方法を紹介します。

背景画像を設置するためのHTML

各要素を配置する位置やサイズを調整することで、少しだけ被せたような表現になります。HTMLでは画像を表示する記述はしていません。画像はsection要素の背景画像として用意します。

`HTML` chapter4/Demo-Corporate/index.html

```html
<section class="home-hero wrapper">
    <h2>一緒に挑戦し続けよう</h2>
    <p>
        私たちと一緒にWebの未来を作りませんか?素敵な仲間を募集しています。
        「なりたい自分」になれる場所を、きっと見つけられるはずです。
    </p>
    <a href="job.html" class="btn btn-primary">募集要項を見る</a>
</section>
```

> エリアをhome-heroクラスのついた<section>タグで囲む

モバイルサイズから作成する

本章のWebサイトでは「モバイルファースト」を採用しています。まずはモバイルサイズ用のスタイルを記述していきましょう。モバイルサイズでは画像と重なる部分の見出しテキストの割合が大きくなるため、読みやすさを考えて半透明の白い背景色を当てています。

また、画面サイズに合わせて伸縮したいところの単位を「vw」としています。「vw」は「Viewport Width」の略で、画面サイズを基準とした割合を指定できます。

`CSS` chapter4/Demo-Corporate/css/style.css

```css
.home-hero {
    background: url('../images/bg-hero.jpg') no-repeat right top / 70vw auto;
    padding: 5.5rem 1rem 3rem;
}
.home-hero h2 {
    font-family: 'Sawarabi Mincho', sans-serif;
```

> .home-hero クラスに背景画像を指定

```
        font-size: 1.5rem;
        margin: 8vw 0 12vw;
        background: rgba(255,255,255,.8);          ┌─────────────┐
        padding: 1rem;                              │ .home-hero クラス内の │
        display: inline-block;                      │ h2タグに背景色を指定 │
    }                                               └─────────────┘
    .home-hero p {                      透明度
        font-size: 1.125rem;
        margin-bottom: 2rem;
    }
```

半透明の効果

テキストの読みやすさを維持したまま、画像の上にテキストを重ねたような表現にしています。

背景画像の指定

　背景画像は繰り返し表示したり画面いっぱいに広げるのではなく、表示させるサイズを指定します。表示する横幅を、あえて親要素の大きさよりも少し小さい「70vw」とすることで、少しだけ文字と重なるような表現にしています。

📄 chapter4/Demo-Corporate/css/style.css

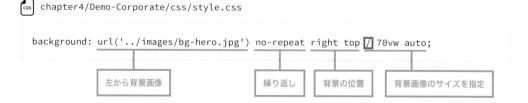

```
background: url('../images/bg-hero.jpg') no-repeat right top / 70vw auto;
```

左から背景画像 / 繰り返し / 背景の位置 / 背景画像のサイズを指定

　ここではbackgroundプロパティで背景に関するスタイルを一括指定しています。一括指定しない場合は次ページのような記述になります。
　なお、「background-size」の値は上記の赤囲みのように「background-position」の直後に「/（スラッシュ）」で区切る必要があるので注意しましょう。

```
background-image: url('../images/bg-hero.jpg');
background-repeat: no-repeat;
background-position: right top;
background-size: 70vw auto;
```

デスクトップサイズを作成する

デスクトップサイズでは主に余白と文字サイズの調整のみ行っています。テキスト部分に加えていた半透明の背景色は外し、スッキリとした印象に変更します。

メディアクエリーでデスクトップサイズの指定

CSS chapter4/Demo-Corporate/css/style.css

```css
@media (min-width: 600px) {
    .home-hero {
        padding: 16vw 1rem;
    }
    .home-hero h2 {
        font-size: 2.5rem;
        margin: 0 0 2rem;
        background: none;
        padding: 0;
    }
    .home-hero p {
        width: 38vw;
    }
}
```

画面の大きいデスクトップサイズだと、よりスッキリと表現できます。

4-3
CHAPTER

グラフでもっとわかりやすくする

「JavaScript」と聞くと苦手意識のある方もいるかもしれません。しかし、「JavaScriptライブラリ」を使えば、簡単なカスタマイズを加えるだけでWebサイトを魅力的に変化させられます。

Chartist.jsとは

「**JavaScriptライブラリ**」とはあらかじめコードが用意されているライブラリです。一から自分で記述する必要はなく、簡単なカスタマイズを加えるだけでWebサイトを魅力的に変化させることができます。ここでは「**Chartist. js**」というJavaScriptライブラリを使ってグラフを描画します。

Chartist.jsはグラフ作成用のJavaScriptライブラリです。棒グラフ、円グラフ、折れ線グラフ等、様々な種類が用意されており、手軽に美しいグラフを表示できます。もちろんレスポンシブにも対応しています。

https://gionkunz.github.io/chartist-js/

01 Chartist.jsの読み込み方法

まずはChartist.jsの本体となるファイルを読み込みます。記述場所は<body>の閉じタグ、</body>の直前です。

HTML chapter4/Demo-Corporate/index.html

```
<body>

… コンテンツ内容 省略 …

    <script src="https://cdn.jsdelivr.net/chartist.js/latest/chartist.min.js"></script>
</body>
```

<script>タグでChartist.jsの本体ファイルを読み込ませる

02　Chartist.js 用のCSSファイルの読み込み方法

「Chartist.js」では美しいグラフを表示させるためのCSSファイルがあらかじめ用意されています。<head>タグ内に <link rel="stylesheet" href="https://cdn.jsdelivr.net/chartist.js/latest/chartist.min.css"> を追加してCSSファイルを読み込みましょう。記述場所は独自で作成する style.css よりも上にすると、後からスタイルを上書きできるのでおすすめです。

🗎 `Demo-Corporate/index.html`

```html
<head>
    <meta charset="utf-8">
    <title>Sample Web</title>
    <meta name="description" content="Web制作会社 Sample Webのリクルートサイト">
    <link rel="icon" type="image/svg+xml" href="images/favicon.svg">
    <meta name="viewport" content="width=device-width, initial-scale=1">

<!-- CSS -->
    <link rel="stylesheet" href="https://unpkg.com/destyle.css@1.0.5/destyle.css">
    <link href="https://fonts.googleapis.com/css?family=Sawarabi+Mincho&display=swap" rel="stylesheet">
    <link rel="stylesheet" href="https://cdn.jsdelivr.net/chartist.js/latest/chartist.min.css">
    <link href="css/style.css" rel="stylesheet">

<!-- Font Awesome -->
    <script src="https://kit.fontawesome.com/b8a7fea4d4.js"></script>
</head>
```

> chartist.js用のCSSファイルをhead内で読み込ませる

03　グラフを表示するdiv要素を記述

HTMLファイルにはクラスをつけた中身の入っていないdiv要素を記述します。ここにグラフが表示されます。さらにレイアウトを組むために「home-chart」クラスのついた<div>タグで囲っています。

🗎 `chapter4/Demo-Corporate/index.html`

```html
<div class="home-chart">
    <div class="pie-chart"></div>
</div>
```

> テキストなど何もない、空のdiv要素を用意

04　JavaScriptファイルを用意

グラフの種類や色、表示するテキストなどを別途JavaScriptファイルを作成して記述します。新たに「script.js」というファイルを作成し、jsフォルダー内に格納しましょう。

script.jsファイルは、先程HTMLファイル内に記述したChartist.jsファイルの下に読み込ませるための記述をします。

フォルダー構成

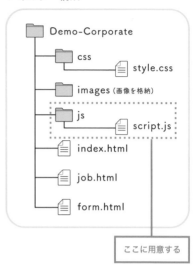

chapter4/Demo-Corporate/index.html

```
<body>

… コンテンツ内容 省略 …

    <script src="https://cdn.jsdelivr.net/
chartist.js/latest/chartist.min.js"></script>
    <script src="js/script.js"></script>
</body>
```

作成したscript.jsを読み込ませる

ここに用意する

05 グラフの詳細を記述

作成したscript.js内に、どんなグラフにするかの詳細を書いていきます。まずは「var pieData = { 」と「 }; 」の間にグラフのデータを記述しましょう❶。「labelsにはグラフの項目名」を❷、「seriesにはデータ」を❸、それぞれ「,」で区切って記述します。

次に「 var pieOptions = { 」と「 }; 」の間には表示オプションを記述します。ここではグラフの幅や高さを記述しました❹。

最後にグラフの種類とグラフを表示させる場所を指定します。「new Chartist.Pie」の「Pie」は円グラフの意味です。カッコの中には「グラフを表示させる箇所❺」「グラフのデータ❻」「グラフのオプション❼」を順に「,」で区切って記述します。「グラフを表示させる箇所」はHTMLファイルに記述した<div>タグのクラス名と統一させるので、「.pie-chart」としています。

chapter4/Demo-Corporate/js/script.js

```
var pieData = {
  labels: ['Webデザイナー ', 'Webデベロッパー ', 'サーバーエンジニア ', '営業職'],
  series: [14, 9, 8, 6]
};

var pieOptions = {
  width: '100%',
  height: '440px'
};

new Chartist.Pie('.pie-chart', pieData, pieOptions);
```

❶ ❷ ❸ ❹ ❺ ❻ ❼

次はWebサイトのデザインに合わせて配色などのスタイルを調整しましょう。

独自CSSファイルであるstyle.cssに必要な装飾を加えます。クラス名はChartist.js側で付与されているので、デベロッパーツールで検証して装飾を加えたい要素のクラス名を確認しましょう。

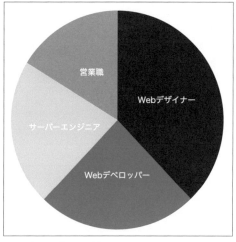

ページに円グラフが表示されました。

📄 chapter4/Demo-Corporate/css/style.css

```css
/* グラフの文字 */
.ct-label {
    font-size: 1rem;
    fill: #fff;
}

/* 円グラフ */
.ct-series-a .ct-slice-pie {
    fill: #2d3374;
}
.ct-series-b .ct-slice-pie {
    fill: #3a7edf;
}
.ct-series-c .ct-slice-pie {
    fill: #9bcbf8;
}
.ct-series-d .ct-slice-pie {
    fill: #bbb;
}
```

円グラフ内の文字サイズや色を指定

棒グラフを作成

Chartist.jsで棒グラフを作成する場合、手順は円グラフと一緒になりますが、JavaScriptに記述するグラフの詳細が少し異なります。

HTMLは同様に、棒グラフを表示させたい箇所に「bar-chart」というクラス名のついた<div>タグを用意します。また、棒グラフのタイトルとなる<p>リモート社員数の推移</p>も一緒に記述しています。

📄 chapter4/Demo-Corporate/index.html

```html
<div class="home-chart">
    <div class="bar-chart"></div>
    <p>リモート社員数の推移</p>
</div>
```

棒グラフ用の空の<div>タグを用意

script.jsには棒グラフの詳細を記述します。「var barOptions = { 」と「 }; 」の間に記述する表示オプションは円グラフより少し長いコードになっています。

「axisY」は「Y軸」の意味で、グラフの左側に位置するデータ項目の表示設定をしています。

「offset」はグラフを描画するボックスの左端からデータ項目を表示するスペースです❶。

「scaleMinSpace」はグラフの罫線の間隔をピクセル数で指示します❷。

「labelInterpolationFnc」では関数を使って人数の目盛りを表示させています❸。

最後に「new Chartist.Bar('.bar-chart', barData, barOptions);」で、「barDataのデータをbarOptionsの表示方法で.bar-chart要素にBar（棒グラフ）を表示する」と命令します❹。

📄 chapter4/Demo-Corporate/js/script.js

```
var barData = {
  labels: ['2018年', '2019年', '2020年'],
  series: [[10, 16, 29]]
};

var barOptions = {                                      Y軸の意味
    axisY: {
        offset: 60,                                              ❶
        scaleMinSpace: 50,                                       ❷
        labelInterpolationFnc: function(value) {                 ❸
          return value + ' 人'
        }
    },
    width: '100%',                          棒グラフの項目やデータ、
    height: '400px'                         表示方法を記述している
};

new Chartist.Bar('.bar-chart', barData, barOptions);             ❹
```

あとはCSSファイルに配色の指定をしたら完成です。

📄 chapter4/Demo-Corporate/css/style.css

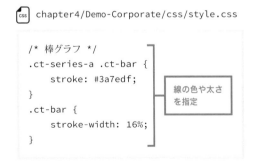

```
/* 棒グラフ */
.ct-series-a .ct-bar {
    stroke: #3a7edf;                線の色や太さ
}                                   を指定
.ct-bar {
    stroke-width: 16%;
}
```

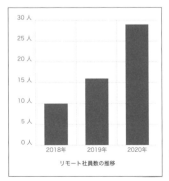

リモート社員数の推移

棒グラフが表示されました。

—

その他のグラフのJavaScriptライブラリ

　Chartist.jsの他にもグラフを描画するためのJavaScriptライブラリは多数存在します。ライブラリによってグラフの種類やデザインが異なるので、Webサイトのデザインや必要な機能によって選ぶとよいでしょう。

▶ Chart.js

　「Chart.js」はグラフ作成用JavaScriptライブラリの大御所とも呼べる人気のライブラリです。棒グラフ、円グラフ、折れ線グラフ、極座標グラフ、バブルチャート等、様々な種類が用意されています。もちろんレスポンシブにも対応し、さらにアニメーション表示も可能です。

▶ デモファイル chapter4/column1-demo1

https://www.chartjs.org/

　HTMLにはid属性を付与したcanvas要素※を用意し、ここにグラフを表示させます❶。JavaScriptを記述するためのscript.jsファイルを作成し、Chart.jsのファイルとともに読み込ませましょう❷。

　JavaScriptファイルにはcanvas要素のid名を指定し❸、typeでグラフの種類を記述します。この例では円グラフの仲間のドーナツグラフを作成しています❹。「dataで数値」❺、「backgroundColorで各項目の色」❻を設定しました。

※canvas要素…HTML上に図形やアニメーションなどのグラフィックを描画できる要素。

```html
<body>
    <div class="chart-box">
        <canvas id="myChart"></canvas>                                                    ❶
    </div>
                                                                                           ❷
    <script src="https://cdnjs.cloudflare.com/ajax/libs/Chart.js/2.9.3/Chart.min.js"></script>
    <script src="script.js"></script>
</body>
```

JS chapter4/column1-demo1/script.js

```javascript
var ctx = document.getElementById('myChart');                                              ❸
var myDoughnutChart = new Chart(ctx, {
    type: 'doughnut',                                                                      ❹
    data: {
        labels: ["いちご", "ぶどう", "バナナ"],
        datasets: [
          {
            data: [300, 100, 80],                                                          ❺
            backgroundColor: ["#f66", "#c7e", "#fc2"]                                       ❻
          }
        ]
    }
});
```

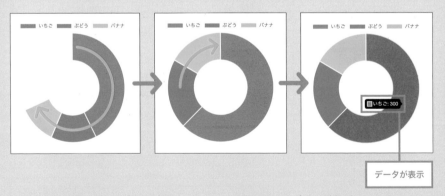

データが表示

ぐるっと円を描くようにグラフが現れ、カーソルを合わせるとデータが表示されます。

Frappe Charts

「Frappe Charts」もシンプルな
コードで本格的なグラフを表示でき
ます。また、Chart.jsと同様、カー
ソルを合わせてデータを表示するこ
とも可能です。

HTML内の構造はこれまでのもの
とほぼ同じです。HTMLにはid属
性を付与したdiv要素を用意し❶、
Frappe Chartsのファイルと作成し
たscript.jsファイルを読み込ませましょう❷。

JavaScriptファイルにはID名を指定し❸、「labelsにデータ項目名」❹、「datasets
にデータの数値」❺、「typeにはグラフの種類」❻を記述します。

▶ デモファイル　chapter4/column1-demo2

https://frappe.io/charts

HTML chapter4/column1-demo2/index.html

```
<body>
    <div class="chart-box">
        <div id="chart"></div>                                          ❶
    </div>

    <script src="https://unpkg.com/frappe-charts@1.2.4/dist/frappe-charts.min.iife.js"></script>
    <script src="script.js"></script>                                   ❷
</body>
```

JS chapter4/column1-demo2/script.js

```
const data = {                          ❹
  labels: ["4月", "5月", "6月", "7月"],
  datasets: [
    {
      values: [68, 74, 70, 81]
    }
  ]                                     ❺
}
const chart = new frappe.Chart("#chart", {
  title: "数学 テスト結果",            ❸
  data: data,
  type: 'line'                          ❻
})
```

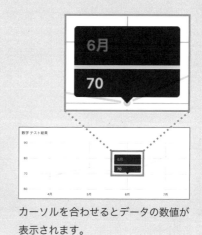

カーソルを合わせるとデータの数値が
表示されます。

4-4
CHAPTER

画像とテキストを互い違いに表示させる

見出しや本文などのテキストと画像を横並びに表示させることは多々あります。
それらのコンテンツが続く時は、表示位置を逆にして画面にリズムをつけると、
躍動感のある印象にすることができます。

要素を横並びにする

　ここではテキストとグラフを横並びにしています。まずはテキストとグラフを囲っている
contentクラスに「display: flex;」を指定して中の要素を横並びにします。

　なお、モバイルサイズではすべて縦並びにしており、横並びにするのはデスクトップサイズの
みです。メディアクエリー内に記述しましょう。

📄 chapter4/Demo-Corporate/index.html

```html
<section class="brown-bg">
    <div class="wrapper content">
        <div class="home-text">
            <h2 class="title">Webデザイナーの活躍する職場です</h2>
            <p>
                制作チームではWebデザイナーが一番多く在籍しています。
                ただ機能する制作物を作るのではなく、使い勝手がよく美しいものを生み出していきます。
                あなたも、誰かの世界が変わるようなクリエイティブなWebサイトを
                世界中に広めませんか？
            </p>
        </div>
        <div class="home-chart">
            <div class="pie-chart"></div>
        </div>
    </div>
</section>

<section class="wrapper content">
    <div class="home-text">
        <h2 class="title">あなたの生活にあわせたスタイルで働けます</h2>
        <p>
            弊社では東京、大阪のオフィスの他、リモート勤務も可能です。
            リモート勤務で活躍している社員は全体の3分の1となり、年々増加しています。
            自宅やコワーキングスペースなど、あなたの一番集中できる場所で仕事に取り組んでください。
        </p>
    </div>
    <div class="home-chart">
        <div class="bar-chart"></div>
```

文章部分

グラフ部分

横に並べたい文章部分とグラフをcontentクラスで囲む

```
            <p>リモート社員数の推移</p>
        </div>
    </section>
```

CSS chapter4/Demo-Corporate/css/style.css

```
/*
DESKTOP SIZE
================================= */
@media (min-width: 600px) {
    .content {
        display: flex;
        justify-content: space-between;
        align-items: center;
        padding: 4rem 1rem;
    }
}
```

デスクトップサイズのみ横並びにしたいので、メディアクエリー内のcontentクラスに「display: flex;」を指定

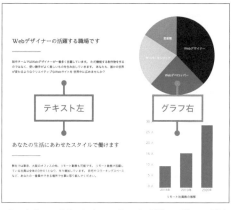

デスクトップサイズでテキストが左、グラフが右の横並びになりました。

並びの順序を入れ替える

テキストとグラフを入れ替えたい親要素にflex-reverseクラスを付与しました。このクラスには「flex-direction: row-reverse;」を指定しています。「flex-direction」は並ぶ順番を指定するプロパティで、値を「row-reverse」とすることで、「横並び かつ 逆方向に並べる」指定が可能です。

HTML chapter4/Demo-Corporate/index.html

```
<section class="brown-bg">
    <div class="wrapper content flex-reverse">
        <div class="home-text">
            <h2 class="title">Webデザイナーの活躍する職場です</h2>
            <p>
                制作チームではWebデザイナーが一番多く在籍しています。
                ただ機能する制作物を作るのではなく、使い勝手がよく美しいものを生み出していきます。
                あなたも、誰かの世界が変わるようなクリエイティブなWebサイトを
                世界中に広めませんか？
            </p>
        </div>
        <div class="home-chart">
            <div class="pie-chart"></div>
        </div>
    </div>
</section>
```

テキストとグラフの位置を逆にしたい親要素に flex-reverse クラスを追加

```
CSS  chapter4/Demo-Corporate/css/style.css

/*
DESKTOP SIZE
======================================= */
@media (min-width: 600px) {
    .flex-reverse {
        flex-direction: row-reverse;
    }
}
```

flex-directionの値を「row-reverse」
にすると左右の位置が入れ替わる

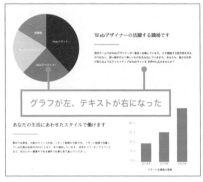

flex-reverseクラスを入れた要素が逆方向
に横並びになりました。

なぜHTMLの記述順を変えないのか

　要素の順序を変えるなら、単純にHTMLで記述
場所を変えればよいと思うかもしれません。そうす
れば見た目は思った通りの順で表示されます。しか
し、このようにすると正しいHTMLの構造ではな
くなってしまいます。CSSを適用させずに見てみ
るとわかりやすいです。

　そもそもHTMLはコンテンツの構造を決めるた
めの言語です。

　タイトルがあり、本文があって、補足する画像が
入ってくる…という流れが理想です。コンピュー
ターは人間のように見た目で重要度やコンテンツ
の関連性を判断することが難しいのです。正しい
HTMLや理論的な構造をしっかり考えてコーディ
ングしていく必要があります。

　HTMLをきちんと記述できたら、CSSで表示位
置を調整していくとよいでしょう。

CSSを適用させていない状態。見出しとグ
ラフの関係性がなく、なんのグラフかわか
りづらいです。

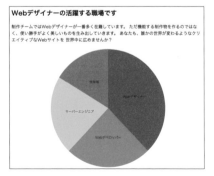

見出しの下にグラフが置かれ、正しい構造
となりました。

偶数番目や奇数番目、○番目の要素だけ適用する書き方①

右に示すようなCSSの「**nth-child**」は、偶数や奇数にくる要素や、○番目の要素だけスタイルを適用したい時に**使える疑似クラス**です。セレクターにはHTMLの要素やクラス名、ID名を指定し、丸括弧内に何番目を指定したいかの値を記述します。

右のようなHTMLをベースに、例を見ていきましょう。

CSS nth-child の CSS の記述例

```
セレクター :nth-child(値){
        スタイル
}
```

HTML ベースの HTML の記述例

```
<ul>
    <li>1番目のリストアイテム</li>
    <li>2番目のリストアイテム</li>
    <li>3番目のリストアイテム</li>
    <li>4番目のリストアイテム</li>
    <li>5番目のリストアイテム</li>
    <li>6番目のリストアイテム</li>
    <li>7番目のリストアイテム</li>
</ul>
```

■ キーワードによる指定方法

英語で偶数を意味する「even」と、奇数を意味する「odd」を記述して、偶数・奇数の指定ができます。

```
:nth-child(even) … 偶数の要素に反映
:nth-child(odd) … 奇数の要素に反映
```

▶ **デモファイル** chapter4/column2-demo1

CSS chapter4/column2-demo1/style.css

```
li:nth-child(even) {
    background: #c1eff7;
}
```

偶数の指定

水色のカラーコード

水色に変わった

1番目のリストアイテム
2番目のリストアイテム
3番目のリストアイテム
4番目のリストアイテム
5番目のリストアイテム
6番目のリストアイテム
7番目のリストアイテム

偶数行の色が変わりました。

※整数による指定方法、式による指定方法はP.182をご参照ください。

4-5
CHAPTER

表でデータを示す

料金表やプランの比較、タイムテーブルなど、使う場面が多い割に制限も多いのが表です。特にモバイルサイズでは画面からはみ出したり、テキストがつぶれて読みづらくならないようにきちんとレスポンシブ対応していく必要があります。

表のレスポンシブ対応の仕方

まずはモバイルサイズから見てみましょう。ここでは余白や背景色だけ設定した表を用意しました。今の状態ですと見出しのテキストがぎゅっと縮まって非常に読みづらい状態です。

📄 HTML chapter4/Demo-Corporate/job.html

```html
<table>
    <tr>
        <th>職種</th>
        <td>Webデザイナー</td>
    </tr>
    <tr>
        <th>業務内容</th>
        <td>
            プランニングからデザイン設計、HTML/CSSでのコーディングまで、
            Webサイトを制作する幅広い業務をおまかせします。
        </td>
    </tr>
    （・・・コンテンツ省略・・・）
</table>
```

> <th>で見出し、<td>で内容を書いたシンプルな表

📄 CSS chapter4/Demo-Corporate/css/style.css

```css
table {
    margin: 3.5rem 0;
    width: 100%;
}
th {
    font-weight: normal;
    background: #f8f6f2;
    vertical-align: middle;
    padding: 1rem;
}
td {
    padding: .75rem 1rem 1.75rem;
}
```

> 見出し部分に薄い背景色をつけ、余白を調整

職種	Webデザイナー
業務内容	プランニングからデザイン設計、HTML/CSSでのコーディングまで、Webサイトを制作する幅広い業務をおまかせします。
必須スキル	Adobe Photoshop、Adobe XD、HTML/CSS
歓迎スキル	JavaScript、WordPress、ニュースレターテンプレート制作
給与	スキル・経験・実績による（500万円〜800万円/年）賞与年2回（夏季・冬季）

<th>タグの部分がテキストの長さによっては3行になっており、文章として読みにくくなっています。

モバイルサイズでは要素を縦に並べる

そこでモバイルサイズでは <th> と <td> 要素に対して「display: block;」を指定します。そうすることで各要素が横幅いっぱいに広がり、縦に並べられるようになります。

📄 CSS chapter4/Demo-Corporate/css/style.css

```css
th,
td {
    display: block;
}
```

> <th> と <td> に「display: block;」を加える

職種

Webデザイナー

業務内容

プランニングからデザイン設計、HTML/CSSでのコーディングまで、Webサイトを制作する幅広い業務をおまかせします。

必須スキル

Adobe Photoshop、Adobe XD、HTML/CSS

歓迎スキル

JavaScript、WordPress、ニュースレターテンプレート制作

<th>タグと<td>タグが横幅いっぱいに広がり、改行せず、余裕を持って表示することができました。

デスクトップサイズでは要素を横に並べる

ただし、デスクトップサイズでは通常の横並びの表として表示したいので、<th>タグと<td>タグのdisplayプロパティにデフォルト値である「table-cell」を指定しましょう。

📄 CSS chapter4/Demo-Corporate/css/style.css

```css
@media (min-width: 600px) {
    th,
    td {
        padding: 1.25rem;
        display: table-cell;
    }
}
```

> デフォルト値である「display: table-cell;」に変更し、余白を調整

行ごとに色を変える

表の周りに線をつけないことで、すっきりとした印象に仕上がります。各行の色を少し変えると表の見出しと内容を関連づけて読ませられます。

また、各行の背景色の差が大きいと逆に読みづらくなってしまうので、あまり色みの違いや明度差のない色を選ぶとよいでしょう。

奇数行にそれぞれクラスを割り振ってもよいのですが、ここでは「nth-child」という**疑似クラス**[*]を使っています。値を「odd」とすると奇数行に、「even」とすると偶数行にスタイルを適用できます。

📄 CSS chapter4/Demo-Corporate/css/style.css

```css
@media (min-width: 600px) {
    tr:nth-child(odd) {
        background: #f8f6f2;
    }
    tr:nth-child(even) th {
        background: #fff;
    }
}
```

> 「odd(奇数行)」には薄いベージュを設定

> 「even(偶数行)」には白い背景色を設定

奇数行に薄いベージュ、偶数行の<th>要素に白い背景色がつきました。

※疑似クラス…P.167,182参照。

4-6
CHAPTER

タイムラインを表示する

手順や経歴など、時系列で説明したい時は、タイムラインで表現すると視覚的にもわかりやすくなります。コード自体はとってもシンプルなので、カスタマイズ次第でどんなデザインのサイトにも合わせられます。

モバイルサイズのタイムライン

モバイルサイズでは横幅が狭く表現が難しいため、見出しと詳細文章を順に縦並びで表示します。

HTML chapter4/Demo-Corporate/job.html

```html
<ol class="timeline">
    <li class="timeline-item">
        <h3 class="timeline-title">お申込み</h3>
        <p class="timeline-content">
            応募フォームより必要事項を記入してお申し込みください。ファイルの添付はできません。
        </p>
    </li>
    （・・・ コンテンツ内容省略 ・・・）
</ol>
```

各項目を番号付きリストで記述

CSS chapter4/Demo-Corporate/css/style.css

```css
.timeline {
    list-style: decimal inside;
    font-family: 'Sawarabi Mincho', sans-serif;
}
.timeline-item {
    margin-bottom: 2rem;
}
.timeline-title {
    font-size: 1.375rem;
    display: inline-block;
    margin-bottom: 1rem;
}
.timeline-content {
    font-family: sans-serif;
}
```

見出しのみ明朝体にし、文字サイズに強弱をつける

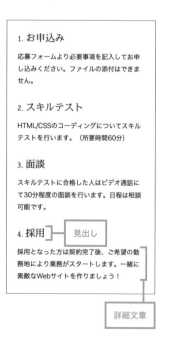

1. **お申込み**
応募フォームより必要事項を記入してお申し込みください。ファイルの添付はできません。

2. **スキルテスト**
HTML/CSSのコーディングについてスキルテストを行います。（所要時間60分）

3. **面談**
スキルテストに合格した人はビデオ通話にて30分程度の面談を行います。日程は相談可能です。

4. **採用** 見出し
採用となった方は契約完了後、ご希望の勤務地により業務がスタートします。一緒に素敵なWebサイトを作りましょう！

詳細文章

デスクトップサイズのタイムライン

見出しと文章を横並びに

デスクトップサイズでは見出しと文章を「display: flex;」で横並びにします❶。時系列であることを意識させるため、縦のラインを描画しました❷。

📄 chapter4/Demo-Corporate/css/style.css

```css
@media (min-width: 600px) {
    .timeline-item {
        display: flex;                              ❶
        margin-bottom: 0;
    }
    .timeline-title {
        width: 24%;
        padding: 2rem 2.5rem 2rem 0;
        text-align: right;
    }
    .timeline-content {
        border-left: 5px solid #f8f6f2;             ❷
        width: 76%;
        padding: 1.5rem 0 1.5rem 2.5rem;
    }
}
```

> 見出しと文章を囲んでいる .timeline-item に「display:flex;」を指定横並びにする

お申込み	応募フォームより必要事項を記入してお申し込みください。ファイルの添付はできません。
スキルテスト	HTML/CSSのコーディングについてスキルテストを行います。（所要時間60分）
面談	スキルテストに合格した人はビデオ通話にて30分程度の面談を行います。日程は相談可能です。
採用	採用となった方は契約完了後、ご希望の勤務地により業務がスタートします。一緒に素敵なWebサイトを作りましょう！

見出しと文章が横並びになり、それらを区切るラインが表示されました。

アイコンを設置する

各項目にアイコンを表示させます。まずは疑似要素を使ってアイコンのベースとなる四角形を作成します❶。positionプロパティでラインの上に重ね合わせ、位置を調整します❷。

📄 chapter4/Demo-Corporate/css/style.css

```css
@media (min-width: 600px) {
    .timeline-content {
        border-left: 5px solid #f8f6f2;
        width: 76%;
        padding: 1.5rem 0 1.5rem 2.5rem;
        position: relative; /* ← 追加 */            ❷
    }
    .timeline-content::before {
        display: block;
        width: 2.25rem;
        height: 2.25rem;
        background: #d0bea2;                         ❶
        text-align: center;
        padding: .1rem;
        position: absolute;
        top: 1.5rem;
        left: -1.5rem;
    }
}
```

まだcontentプロパティがないので何も表示されていません。

各アイコンにはそれぞれ<p>タグに「icon-file」「icon-code」「icon-chat」「icon-hands」というクラス追加し、contentプロパティでアイコンの種類を記述します。

📄 chapter4/Demo-Corporate/job.html

```html
<ol class="timeline">
    <li class="timeline-item">
        <h3 class="timeline-title">お申込み</h3>
        <p class="timeline-content icon-file">
            応募フォームより必要事項を記入してお申し込みください。ファイルの添付はできません。
        </p>
    </li>
    <li class="timeline-item">
        <h3 class="timeline-title">スキルテスト</h3>
        <p class="timeline-content icon-code">
            HTML/CSSのコーディングについてスキルテストを行います。（所要時間60分）
        </p>
    </li>
    （・・・ コンテンツ内容省略 ・・・）
</ol>
```

異なるアイコンを表示させるために、個別にクラスを指定

```css
@media (min-width: 600px) {
    .timeline-content::before {
        display: block;
        width: 2.25rem;
        height: 2.25rem;
        background: #D0BEA2;
        text-align: center;
        padding: .1rem;
        position: absolute;
        top: 1.5rem;
        left: -1.5rem;
    /* ↓ Font Awesomeの設定追加 ↓ */
        font-family: 'Font Awesome 6 Free';
        font-weight: 900;
        color: #fff;
        font-size: 1.25rem;
    }
    .icon-file::before{
        content: '\f56e';
    }
    .icon-code::before{
        content: '\f121';
    }
    .icon-chat::before{
        content: '\f086';
    }
    .icon-hands::before{
        content: '\f2b5';
    }
}
```

Font Awesome
を使って各アイコン
を指定

お申込み 応募フォームより必要事項を記入してお申し込みください。ファイルの添付は
できません。

スキルテスト HTML/CSSのコーディングについてスキルテストを行います。（所要時間60
分）

面談 スキルテストに合格した人はビデオ通話にて30分程度の面談を行います。日
程は相談可能です。

採用 採用となった方は契約完了後、ご希望の勤務地により業務がスタートします。
一緒に素敵なWebサイトを作りましょう！

各項目の右側にア
イコンを設置しま
した。

フォームの装飾

CSSでフォーム内の部品を装飾するのは、昔から難しく、様々なCSSの小技やJavaScriptを使って実装してきました。ここではなるべくシンプルな書き方で各パーツを装飾する方法をお伝えします。

プレースホルダーとは

テキスト入力欄にはあらかじめテキストを表示しておくことができます。これは**プレースホルダー**と呼ばれ、テキストを入力し始めるとそのテキストは消えます。プレースホルダーはplaceholder属性で設定できます。

プレースホルダーの文字色などの装飾は、CSSで各タグやクラス名に続いて「::placeholder」をセレクターに加えるだけで指定できます。

HTML chapter4/Demo-Corporate/form.html

```
<input type="email" placeholder=" 例：
hello@example.com">
```

placeholder属性で最初から表示させるテキストを指定

CSS chapter4/Demo-Corporate/css/style.css

```
input[type='text']::placeholder,
input[type='email']::placeholder,
input[type='url']::placeholder,
textarea::placeholder {
    color: #bbb;
}
```

各セレクターに続けて「::placeholder」で装飾の指定ができる

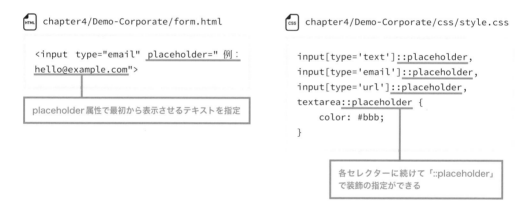

テキスト入力前。プレースホルダーが表示されます。

入力を始めるとプレースホルダーは消えます。

チェックボックスの装飾

チェックボックスの装飾は少し複雑なので、順を追って説明します。

01 **HTMLマークアップ**

<label>タグでチェックボックスを囲う
と、for属性やid属性の指定をしなくても
<label>タグ内のテキストがクリック範囲と
なるので便利です。

テキストは<span>タグで囲んでいます。
このspan部分にCSSでチェックボックスを
表示させる指定をしていきます。

📄 chapter4/Demo-Corporate/form.html

```
<label>
    <input type="checkbox">
    <span>東京</span>
</label>
```

チェックボックスとテキスト
を<label>タグで囲む

デフォルトの状態。テキスト部分をクリックして
もチェックボックスにチェックが入る

☐ 東京　　☐ 大阪　　☐ リモート勤務

02 デフォルトのチェックボックスを非表示にする

デフォルトのチェックボックスはCSSで
装飾することができません。なので非表示に
しておきます。

「opacity:0;」で透明に、「appearance:none;」
でデフォルトのスタイルを削除、
「position:absolute;」でレイアウトに関与さ
せないよう指定します。なお、appearance
プロパティはSafariにも対応させるため、
先頭に「-webkit-」を加えます。

📄 chapter4/Demo-Corporate/css/style.css

```
/* デフォルトのチェックボックスを非表示 */
input[type='checkbox'] {
    opacity:0;
    -webkit-appearance: none;
    appearance: none;
    position: absolute;
}
```

チェックボックスが非表示となり、
テキストのみが表示されている

東京　　大阪　　リモート勤務

03 四角形を作る

チェックボックスは<span>タグに疑似要素で表示させます。「+」記号は**隣接セレクター**
と言って、同じ階層にある要素を指定できます（P.025参照）。「input[type="checkbox"] +
span::before」と指定すると「チェックボックスのすぐ隣にある<span>タグの疑似要素」に装
飾ができます。**テキスト部分の左隣**ということです。

あとはサイズや線、余白などを調整して四角形を作ります。

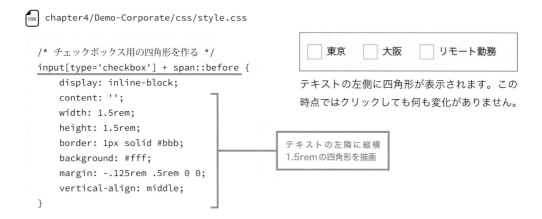

CSS chapter4/Demo-Corporate/css/style.css

```
/* チェックボックス用の四角形を作る */
input[type='checkbox'] + span::before {
    display: inline-block;
    content: '';
    width: 1.5rem;
    height: 1.5rem;
    border: 1px solid #bbb;
    background: #fff;
    margin: -.125rem .5rem 0 0;
    vertical-align: middle;
}
```

テキストの左隣に縦横
1.5remの四角形を描画

☐ 東京　　☐ 大阪　　☐ リモート勤務

テキストの左側に四角形が表示されます。この
時点ではクリックしても何も変化がありません。

04　チェックを入れるとアイコンを表示させる

　クリックした時にチェックマークを表示させます。デフォルトのチェックボックスは非表示にしましたが、クリックされたかどうかの判定は可能です。まず、疑似要素部分にFont Awesomeを読み込ませる記述をして準備します❶。

　チェックボックスに「:checked」を加えると「チェックした時」の装飾を加えられます❷。ここにアイコンを指定すればクリックした時にチェックアイコンが表示されます❸。

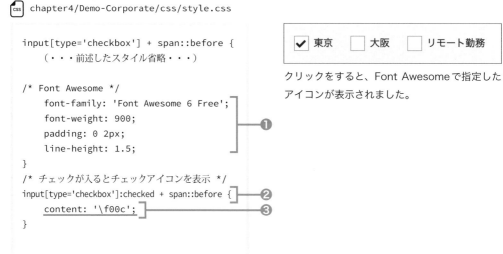

CSS chapter4/Demo-Corporate/css/style.css

```
input[type='checkbox'] + span::before {
    （・・・前述したスタイル省略・・・）

/* Font Awesome */
    font-family: 'Font Awesome 6 Free';
    font-weight: 900;
    padding: 0 2px;
    line-height: 1.5;
}
/* チェックが入るとチェックアイコンを表示 */
input[type='checkbox']:checked + span::before {
    content: '\f00c';
}
```

❶
❷
❸

☑ 東京　　☐ 大阪　　☐ リモート勤務

クリックをすると、Font Awesomeで指定した
アイコンが表示されました。

セレクトボックスの装飾

　セレクトボックスも同様に、Font Awesome で下向き矢印のアイコンを表示させましょう。直接<select>タグに背景画像などを指定しても表示されません。<select>タグを<div>タグで囲み、その<div>タグに対して疑似要素を使ってアイコンを表示させています。表示させる位置は position プロパティで調整しましょう。

HTML chapter4/Demo-Corporate/form.html

```
<div class="select-box">
    <select name="current-position">
        <option value="会社に在籍中">会社に在籍中</option>
        <option value="フリーランス">フリーランス</option>
        <option value="学生">学生</option>
        <option value="休職中">休職中</option>
    </select>
</div>
```

セレクトボックスを select-box クラスのついた <div> タグで囲む

CSS chapter4/Demo-Corporate/css/style.css

```
.select-box {
    position: relative;
}
.select-box::after {
    display: inline-block;
    position: absolute;
    top: .625rem;
    right: 1rem;
/* Font Awesome */
    font-family: 'Font Awesome 6 Free';
    font-weight: 900;
    content: '\f078';
    color: #bbb;
}
```

「.select-box」に「position: relative;」で基準の位置としている

矢印アイコン用の疑似要素には「position: absolute;」で位置を指定

| 現在の状態 | 会社に在籍中 ⌄ |

セレクトボックスに下向き矢印を表示しています。

現在の状態	✓ 会社に在籍中
	フリーランス
	学生
	休職中

クリックすると選択肢が表示されます。

4-8
CHAPTER

属性セレクター

CSSではクラス名を指定して装飾を加えることが多いのですが、HTMLの属性名や属性値を指定して、要素を特定することができます。ここでは属性セレクターについて詳しく説明します。

属性セレクターの指定方法

HTMLはタグによって様々な属性を指定できます。例えばリンクを指定する時に使用する<a>タグでは、href属性でリンク先のファイル名やURLを指定します。

フォームを作成する時は<input>タグのtype属性でフォームのパーツの種類を指定できます。これらの要素に加えられた属性とその値をCSSのセレクターとして指定できるのが**属性セレクター**です。

要素名[属性名] … 指定の属性を持つ要素

指定した属性名が入っている要素にスタイルを適用します。属性名のみ一致していればよいので、属性値は影響しません。

この例ではrequired属性のあるテキスト入力欄のみ、背景色がピンクになりました。

▶ **デモファイル** chapter4/08-demo1

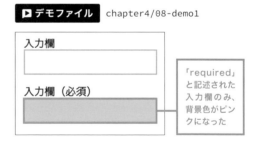

「required」と記述された入力欄のみ、背景色がピンクになった

`HTML` chapter4/08-demo1/index.html

```
<p>入力欄</p>
<input type="text">

<p>入力欄（必須）</p>
<input type="text" required>
```

`CSS` chapter4/08-demo1/style.css

```
input[required] {
    background: pink;
}
```

要素名[属性名="属性値"] … 指定の属性値を持つ要素

属性名と属性値を「＝（イコール）」でつなげて指定すると、その属性値を持っている要素にスタイルを適用します。

この例では属性名が「type」、属性値が「email」の入力欄のみ、背景色がピンクになりました。

HTML chapter4/08-demo2/index.html

```
<p>テキスト入力欄</p>
<input type="text">

<p>Eメール入力欄</p>
<input type="email">

<input type="submit" value="送信">
```

▶ デモファイル chapter4/08-demo2

属性値が「email」の入力欄のみ、背景色がピンクになった

CSS chapter4/08-demo2/style.css

```
input[type="email"] {
    background: pink;
}
```

要素名[属性名~="属性値"] … 複数ある属性値のうち、指定の属性値を含む要素

「＝（イコール）」の前に「~（チルダ）」を加えて記述すると、HTMLで複数指定されている属性値のうち、特定の属性値を含む要素にスタイルを適用します。

例えばclass属性を使って複数のクラス名をスペースで区切って指定することがあります。その中で1つでも該当するクラス名（属性値）があればスタイルが適用されます。

▶ デモファイル chapter4/08-demo3

リストアイテム pink, list

リストアイテム pink

リストアイテム list

クラス名に「pink」がある場合、背景色をピンクにする指定

HTML chapter4/08-demo3/index.html

```
<ul>
    <li class="pink list">リストアイテム pink, list</li>
    <li class="pink">リストアイテム pink</li>
    <li class="list">リストアイテム list</li>
</ul>
```

CSS chapter4/08-demo3/style.css

```
li[class~="pink"] {
    background: pink;
}
```

ちなみにこの例を「~（チルダ）」のない「要素名[属性名="属性値"]」の書き方で指定した場合は、<li class="pink">の要素のみスタイルが適用されます。属性値が複数存在する場合は「~（チルダ）」が必要と覚えておきましょう。

要素名[属性名|="属性値"] … 指定の属性値、または-(ハイフン)で区切った前に指定の属性値を持つ要素

「=（イコール）」の前に「|（パイプライン）」を加えて記述すると、指定の属性値と一致する、または属性値が「-（ハイフン）」で区切られていて、「-（ハイフン）」より前の値が指定の属性値を持つ要素にスタイルを適用します。

▶ デモファイル　chapter4/08-demo4

リストアイテム list

リストアイテム list-a

リストアイテム list-b

リストアイテム item

クラス名が「list」、または「list-」で始まる場合、背景色をピンクにする指定。属性値が「item」の要素のみ、背景色が変わらない

📄 chapter4/08-demo4/index.html

```html
<ul>
    <li class="list">リストアイテム list</li>
    <li class="list-a">リストアイテム list-a</li>
    <li class="list-b">リストアイテム list-b</li>
    <li class="item">リストアイテム item</li>
</ul>
```

📄 chapter4/08-demo4/style.css

```css
li[class|="list"] {
    background: pink;
}
```

要素名[属性名^="属性値"] … 指定の属性値から始まる要素

「=（イコール）」の前に「^（キャレット）」を加えて記述すると、指定した値で始まる属性値にスタイルを適用します。「http」で始まるリンク先は外部リンクであると示す時によく使われます。

▶ デモファイル　chapter4/08-demo5

同一Webサイト内リンク

外部リンク（http）

外部リンク（https）

href属性の値がhttpから始まらない、内部リンクの場合は背景色が変わらない

リンク先の最初に「http」という文字列がある場合、背景色をピンクにする指定

📄 chapter4/08-demo5/index.html

```html
<a href="index.html">同一Webサイト内リンク</a>
<a href="http://example.com">外部リンク（http）</a>
<a href="https://example.com">外部リンク（https）</a>
```

📄 chapter4/08-demo5/style.css

```css
a[href^="http"] {
    background: pink;
}
```

要素名[属性名$="属性値"] … 指定の属性値で終わる要素

「=（イコール）」の前に「$（ドル）」を加えて記述すると、指定した値で終わる属性値にスタイルを適用します。 ファイルの拡張子によって違うスタイルを加えたい時によく使われます。

▶ デモファイル　chapter4/08-demo6

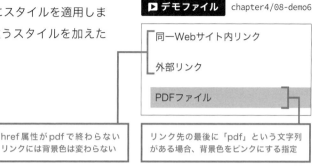

href属性がpdfで終わらないリンクには背景色は変わらない

リンク先の最後に「pdf」という文字列がある場合、背景色をピンクにする指定

HTML chapter4/08-demo6/index.html

```
<a href="index.html">同一Webサイト内リンク</a>
<a href="http://example.com">外部リンク</a>
<a href="example-file.pdf">PDFファイル</a>
```

CSS chapter4/08-demo6/style.css

```
a[href$="pdf"] {
    background: pink;
}
```

要素名[属性名*="属性値"] … 指定の属性値を1つ以上含む要素

「=（イコール）」の前に「*（アスタリスク）」を加えて記述すると、指定した値を含む属性値にスタイルを適用します。特定のURLやクラス名があれば、そのすべてにアイコンを加えるなど活用できます。

▶ デモファイル　chapter4/08-demo7

「twitter」がhref属性の値として指定されていない場合は背景色は変わらない

リンク先に「twitter」という文字列がある場合、背景色をピンクにする指定

HTML chapter4/08-demo7/index.html

```
<a href="https://www.webcreatorbox.com/">Webサイ
ト</a>
<a href="https://twitter.com/webcreatorbox/">Web
クリエイターボックスのTwitter</a>
<a href="https://twitter.com/chibimana">中の人の
Twitter</a>
```

CSS chapter4/08-demo7/style.css

```
a[href*="twitter"] {
    background: pink;
}
```

COLUMN

—

偶数番目や奇数番目、○番目の要素だけ適用する書き方②

P.167に続いて「nth-child」を使った疑似クラスの指定方法を解説します。

整数による指定方法

カッコ内に整数を記述すると、特定のその行のみにスタイルが適用されます。

> :nth-child(3) … 上から3番目の要素に反映

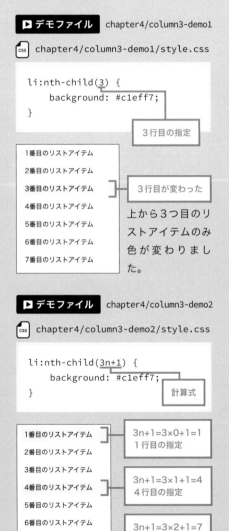

▶ デモファイル　chapter4/column3-demo1

CSS chapter4/column3-demo1/style.css

```
li:nth-child(3) {
    background: #c1eff7;
}
```

3行目の指定

1番目のリストアイテム
2番目のリストアイテム
3番目のリストアイテム — 3行目が変わった
4番目のリストアイテム
5番目のリストアイテム
6番目のリストアイテム
7番目のリストアイテム

上から3つ目のリストアイテムのみ色が変わりました。

式による指定方法

さらに「n」を使って計算式を書き、スタイルを適用させる要素を指定可能です。なお、「n」は数字を意味するnumberの略になります。

例えば(2n)とすれば2の倍数番目（キーワードのevenと同じ指定となります）、(3n+1)とすれば「1、4、7、10…」と、1を含む3つ置きの要素に適用されます。

> :nth-child(2n)　… 2の倍数（2, 4, 6…）番目の要素に反映
>
> :nth-child(3n+1)… 1, 4, 7, 10… 番目（3つ置き）の要素に反映

▶ デモファイル　chapter4/column3-demo2

CSS chapter4/column3-demo2/style.css

```
li:nth-child(3n+1) {
    background: #c1eff7;
}
```

計算式

1番目のリストアイテム — 3n+1=3×0+1=1　1行目の指定
2番目のリストアイテム
3番目のリストアイテム
4番目のリストアイテム — 3n+1=3×1+1=4　4行目の指定
5番目のリストアイテム
6番目のリストアイテム
7番目のリストアイテム — 3n+1=3×2+1=7　7行目の指定

1つ目を含み、3つおきに色が変わりました。

※キーワードによる指定方法、式による指定方法はP.167をご参照ください。

4-9
CHAPTER

練習問題

本章で学んだことを実際に活用できるようにするため、手を動かして学べる練習問題をご用意いたしました。練習問題用に用意されたベースファイルを修正して、以下の装飾を実装してください。

1 style.cssに追記し、表の奇数行の背景色を「#fee」、偶数行の背景色を「#ffe」に変更する

2 表のとおりのデータを示すよう、「script.js」にコードを記述して円グラフを作成する
- 猫 35%、犬 30%、きりん 20%、その他 15%
- 円グラフのオプションには 幅100%、高さ300px を指定

ベースファイルを確認しよう

練習問題ファイル：chapter4/09-practice-base

グラフを表示するために必要なCSSやJavaScriptファイルはすでに読み込ませています。「script.js」を変更して円グラフを実装しましょう。

猫	35%
犬	30%
きりん	20%
その他	15%

```
1    /*
2    - 猫 35%、犬 30%、きりん 20%、その他 15%
3    - 円グラフのオプションには 幅100%、高さ300px を指定
4    */
5    |
```

表には背景色以外の装飾が加えられている

「script.js」は何も書かれていない状態。ここに必要なコードを書き込みます。

解答例を確認しよう

練習問題ファイル：chapter4/09-practice-answer

実装中にわからないことがあれば、Chapter8の「サイトの投稿と問題解決（P.333）」を参考にまずは自分で解決を試みてください。その時間が力になるはずです！問題が解けたら解答例を確認しましょう。

猫	35%
犬	30%
きりん	20%
その他	15%

表

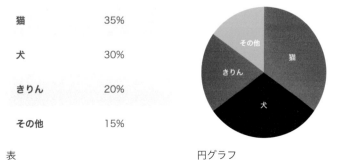
円グラフ

4-10

CHAPTER

カスタマイズしよう

本章で作成したコーポレートサイトをカスタマイズしてみましょう。企業によって見せたいコンテンツは変わるので、必要な項目やデータの見せ方を考えて作り変えていくとよいでしょう。

このWebサイトのカスタマイズポイント

本章のデモサイトではグラフや表、タイムラインを使ってデータを視覚的にわかりやすく表現しました。グラフの種類や配色、表の項目数を変えるとどうなるか、またフォームのチェックボックスやセレクトボックスの装飾もアレンジしてみてください。

お題

- スマホゲームの制作会社のWebサイト。直近2年で急激に業績が伸びてきた点をアピールし、受注の問い合わせにつなげたい。中高生向けのゲームが多く、明るく楽しいイメージ。
- 子供服販売会社の採用サイト。子育て中の女性でも働きやすい点をアピールしたい。おしゃれですっきりとしたイメージ。
- 住宅メーカーの新卒採用サイト。福利厚生が充実しており、社員の満足度が高い点を紹介したい。緑、ベージュをメインカラーにした自然のイメージ。

みんなに見てもらおう！

せっかく素敵にカスタマイズしたなら、誰かに見てもらいたいですよね！「#WCBカスタマイズチャレンジ」というハッシュタグをつけてTwitterでツイートしてください！ 作成したWebページをサーバーにアップロードして公開してもよいですし、各ページのスクリーンショット画像を添付するだけでもOK！楽しみにしています！

「特定ページの作り方とアニメーション」

—

多くの人に参加してもらいたいイベント告知の Webサイトでは、いかにユーザーの心を動かせるかが重要なポイントとなります。形や色に変化を加えたり、適度にアニメーションを使ったりして印象的な雰囲気を作りましょう。

5-1
CHAPTER

作成するイベントサイトの紹介

期間限定のイベントやサービスなどではLP（ランディングページ）と呼ばれる
特設サイトを打ち出すケースがあります。多彩な色やアニメーションを使って、
インパクトのあるWebサイトの作り方を学びましょう。

デスクトップサイズ

モバイルサイズ

CSSのみでページ内リンクを張る

ランディングページはシングルページの構成で縦に長いので、ユーザーは目的の情報まで移動する距離が長くなってしまいます。メニューをクリックするとスルスルっと目的のエリアにジャンプする**ページ内リンク**を設定します。ヘッダー部分を固定して追従させ、エリア間移動を楽にしましょう。

エリア移動後も、ヘッダーはページ上部にくっついて表示されます。

ブレンドモードで画像の色を変える

画像に色を重ね合わせ、独特の効果をもたらす**ブレンドモード**を試してみましょう。画像を直接編集しないので、カスタマイズも簡単です。

背景に設置している画像の色は元のまま。CSSで色を重ねます。

カスタムプロパティ（変数）を使う

一度定義しておけば繰り返し利用できる便利な「変数」を使います。

カラーコードをわかりやすくまとめ、再利用しやすくします。

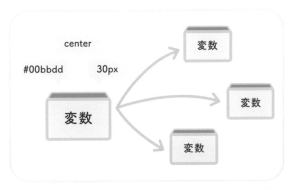

JavaScriptなどのプログラミング言語ではおなじみの変数です。CSSでも利用できるようになりました。

CSSでアニメーションをつける

　時間とともに色が変化する**アニメーション**をCSSで実装します。他にもカーソルを合わせるとふんわり色の変わるボタンなど、細かい部分にもアニメーションを加えましょう。

時間と共に
色が変化する
アニメーション

ファーストビューの画像の色がダイナミックに変化します。

斜めラインのデザインを作る

　通常CSSでレイアウトを組んでいくと、垂直平行のボックスが並んでいくことになります。そこでラインを少し斜めにし、躍動感のあるデザインにしています。

形が少し変化するだけで印象が大きく変わります。

斜めのライン

グラデーションで表現する

単色で塗りつぶすと少し物足りない…という時に使えるグラデーションカラーです。色を指定するだけで簡単に表現できます。

上から下に向けて、黄緑から青緑に変化する美しいグラデーションです。

スライドメニューを設置する

モバイルサイズのナビゲーションメニューは横からスッと出てくるスライドメニューで表示させます。JavaScriptの記述は短めなので安心してください。

メニューボタンをタップすると、右からスッとナビゲーションメニューが登場します。

フォルダー構成

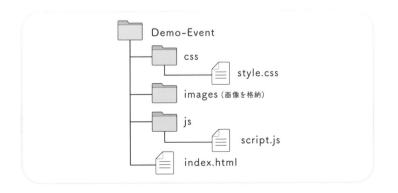

5-2
CHAPTER

CSSでページ内をスルスル動かす

ページ内リンクをクリックすると、リンク先へスルスルッと移動する動きがあります。この動きは「**スムーズスクロール**」と呼ばれています。これまではJavaScriptで実装していましたが、ついにCSSでも指定できるようになりました。

ページ内リンクの設定をする

まずはリンクをクリックすると、同一ページ内の指定箇所に移動するよう記述します。各エリアにはそれぞれ異なるID名をつけておきます❶。続いてヘッダーのナビゲーションメニューのリンクには「#（ハッシュ）」に続けて各エリアのID名を指定します❷。こうすることでメニューをクリックすると各エリアにパッと移動できます。

📄 chapter5/Demo-Event/index.html

```html
<header>
    <div class="wrapper">
        <a class="logo" href="#hero">WCB Conference</a>
        <nav>
            <button class="btn-menu">Menu</button>
            <ul class="main-nav">
                <li><a href="#about">About</a></li>
                <li><a href="#news">News</a></li>
                <li><a href="#speakers">Speakers</a></li>          ❷
                <li><a href="#ticket">Ticket</a></li>
            </ul>
        </nav>
    </div>
</header>
```

ナビゲーションメニューのリンク先と各エリアのID名を一致させる

```html
<section id="hero">
    <div class="wrapper">
        <h1>WCB Conference</h1>
        （・・・コンテンツ内容省略・・・）
    </div>
</section>

<section id="about" class="wrapper">          ❶
    <h2>About</h2>
    （・・・コンテンツ内容省略・・・）
</section>

<section id="news">
```

```
    <h2>News</h2>
    （・・・コンテンツ内容省略・・・）
</section>

<section id="speakers" class="wrapper">
    <h2>Speakers</h2>
    （・・・コンテンツ内容省略・・・）
</section>

<section id="ticket">
    <h2>Ticket</h2>
    （・・・コンテンツ内容省略・・・）
</section>
```

スルスルと動くエフェクトを追加する

ページ内リンクをクリックした際、パッと表示されるエリアが変わってしまうと同一ページ内を移動していることが伝えづらいです。そこでアニメーションを加えて視覚的に表現しましょう。難しいことはありません、CSSでhtml要素に「**scroll-behavior: smooth;**」とたった1行加えるだけで完成です。

CSS chapter5/Demo-Event/css/style.css

```
html {
    scroll-behavior: smooth;
}
```

html要素に1行加えるだけで実装できる

ヘッダーを固定表示する

さらに、ヘッダー部分はページ上部に固定させて表示中のエリアに追従させましょう。別のエリアに移動した後でも、ページトップや他のエリアへの移動が楽になります。

背景色や余白を指定したheader要素に「position: fixed;」を追加します❶。これだけで上部に固定されるようになります。ただし、このままだと中にあるコンテンツ分しか幅がないので、幅を100%にして画面幅いっぱいに広げましょう❷。

「z-index」は要素の重なりを指定するプロパティで、値の数値が大きいほど前面に表示されます❸。これがないとヘッダーの下に記述している<section id="hero">部分が前面に表示され、ヘッダーが下に隠れて見えなくなってしまいます。

CSS chapter5/Demo-Event/css/style.css

```
header {
    background: #333;
    padding: 1rem 0;
    /* ↓ 固定表示のための記述 ↓ */
    position: fixed;         ❶
    width: 100%;             ❷
    z-index: 1;              ❸
}
```

ヘッダー部分を上部に固定する

ページトップの配置

ヘッダー部分は上部に固定されている

上へスクロール

ヘッダー部分は常に固定されている

ヘッダーが追従してスムーズにエリア間を移動するようになりました。

モバイルサイズのメニュー表示の例①

　モバイルサイズでは表示できる範囲が狭いため、メニューの表示方法に工夫が必要です。多くのWebサイトで最初はメニューを非表示にしておき、メニューボタンをタップすると表示させる手法をとっています。他のWebサイトがどのようにメニューを設置しているか見てみましょう。

CORONE CORNE　　　http://coronecorne.com/

画面全体を色で塗りつぶし、メニューを中央に表示しています。メニューの数が少ない場合に有効です。

Yukon 1000　　　https://www.yukon1000.org/

メニューが右からスライドして表示されます。サブメニューは下矢印のアイコンをタップして表示します。

5-3
CHAPTER

ブレンドモードで画像の色を変える

Photoshopなどのグラフィックツールに搭載されている機能として「**ブレンド
モード（描画モード）**」があります。複数の画像や色を様々な手法で重ね合わせ、
独特の効果を生み出します。そんなブレンドモードはCSSでも実装できます。

色と画像を重ねる

デモサイトではページ上部の\<section id="hero"\>の部分にブレンドモードを実装します❶。
基本的な実装方法は、「background-color」で背景色を❷、「background-image」で背景画
像を指定❸、続いてbackground-blend-modeプロパティにブレンドモード名を記述するだけ
です❹。

📄 chapter5/Demo-Event/index.html

```html
<section id="hero">
    <div class="wrapper">
        <h1>WCB Conference</h1>
        <p class="hero-date">2020. 11. 7. 14:00 - 16:00</p>
        <p>
            オンラインで行っているWebサイト制作の勉強会、WCB Conference。
            今回は最新のCSSテクニックとデザイントレンドを中心に紹介します。
            参加料金は無料！お気軽にご参加ください。
        </p>
    </div>
</section>
```

❶ ファーストビューで表示される
エリアに「hero」IDを加える

📄 chapter5/Demo-Event/css/style.css

```css
#hero {
    background-color: #4db1ec;
    background-image: url('../images/hero.jpg');
    background-repeat: no-repeat;
    background-position: center;
    background-size: cover;
    background-blend-mode: screen;
    height: 100vh;
    display: flex;
    align-items: center;
}
```

❷
❸
❹

背景色と背景画像を指定し、
background-blend-mode
で重ねる

ブレンドモードを使っていない状態。

画像に背景色の水色が重なった状態。

　ブレンドモードを使えばWebサイト上での表現方法の幅がグンッと広がります。ぜひマスターしておくとよいでしょう。

　本章のデモサイトでは「screen」というブレンドモードを指定しています。次ページからCSSで指定できるブレンドモードの一覧を記載しています。どのような表現になるのか、コードはどうなるのか、見比べておきましょう。

COLUMN

—

backgroundプロパティでまとめて記述する際の注意点

　背景に関するスタイルを一括で指定できるCSSのbackgroundプロパティでまとめて記述すると、ブラウザーによってはうまく表示されません。少し記述が長くなりますが、個別に指定しましょう。

```
#hero {
    background: #4db1ec url('../images/hero.jpg') no-repeat center / cover;
    background-blend-mode: screen;
    height: 100vh;
    display: flex;
    align-items: center;
}
```

この記述だとブラウザーによって画像が表示されなくなります。

■ ブレンドモード一覧

■ 元画像

共通の CSS

```css
body {
    background-color: #4db1ec;
    background-image: url('images/hero.jpg');
    background-repeat: no-repeat;
    background-position: center;
    background-size: cover;
    background-blend-mode: ブレンドモードの種類;
    height: 100vh;
}
```

multiply ｜ 乗算 　▶デモ　chapter5/03-demo1

```css
background-blend-mode: multiply;
```

screen ｜ スクリーン 　▶デモ　chapter5/03-demo2

```css
background-blend-mode: screen;
```

overlay ｜ オーバーレイ 　▶デモ　chapter5/03-demo3

```css
background blend-mode: overlay;
```

darken ｜ 暗く 　▶デモ　chapter5/03-demo4

```css
background-blend-mode: darken;
```

lighten ｜ 明るく デモ chapter5/03-demo5

```
background-blend-mode: lighten;
```

color-dodge ｜ 覆い焼きカラー デモ chapter5/03-demo6

```
background-blend-mode: color-dodge;
```

color-burn ｜ 焼き込みカラー デモ chapter5/03-demo7

```
background-blend-mode: color-burn;
```

hard-light ｜ ハードライト ▶デモ chapter5/03-demo8

```
background-blend-mode: hard-light;
```

soft-light ｜ ソフトライト ▶デモ chapter5/03-demo9

```
background-blend-mode: soft-light;
```

difference ｜ 差の絶対値 ▶デモ chapter5/03-demo10

```
background-blend-mode: difference;
```

exclusion | 除外　▶デモ　chapter5/03-demo11

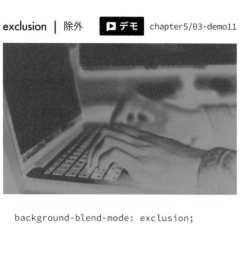

```
background-blend-mode: exclusion;
```

hue | 色相　▶デモ　chapter5/03-demo12

```
background-blend-mode: hue;
```

saturation | 彩度　▶デモ　chapter5/03-demo13

```
background-blend-mode: saturation;
```

color | カラー　▶デモ　chapter5/03-demo14

```
background-blend-mode: color;
```

luminosity | 輝度　▶デモ　chapter5/03-demo15

```
background-blend-mode: luminosity;
```

COLUMN

—

モバイルサイズのメニュー表示の例②

■ Built by Eli
https://www.builtbyeli.com.au/

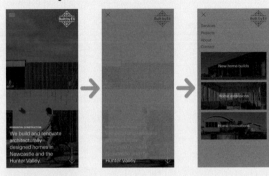

まず上から全体を覆う背景色が降りてきて、その後にメニューがふわっと表示されます。画像を含めて視覚的にアプローチしているメニューです。

■ Ex Partners
https://www.ex-partners.co.jp/

背景が切り替わったあと、上から順にメニュー名が現れます。余白の使い方が秀逸です。

■ Quantile
https://www.quantile.com/

コンテンツ部分が左下にグッと縮小し、メニューが表示される珍しいタイプの動きです。

画像と画像を重ねる　▶デモファイル　chapter5/03-demo16

　色と画像だけでなく、複数の画像を重ねて表示することも可能です。組み合わせによってはすべてが見づらくなるので、画像選びは入念に行いましょう。画像を組み合わせるには、background-image プロパティで複数の画像をカンマで区切って指定します。

📄 chapter5/03-demo16/style.css

```css
body {
    background-color: #4db1ec;
    background-image: url('images/hero.jpg'), url('images/water.jpg');
    background-repeat: no-repeat;
    background-position: center;
    background-size: cover;
    background-blend-mode: hard-light;
    height: 100vh;
}
```

パソコンを使っている画像と、キラキラ光る水面の画像を重ねました。

画像とテキストを重ねる ▶デモファイル chapter5/03-demo17

ブレンドモードで表示できるのは、画像同士や色との組み合わせだけではありません。

背景画像の上にテキストを重ねても、素敵な表現ができます。要素にブレンドモードを加える場合は「background-blend-mode」ではなく、mix-blend-modeプロパティを追加します。

🅷🆃🅼🅻 chapter5/03-demo17/index.html

```html
<h1>Small Changes, <br>Big Results</h1>
```

🅲🆂🆂 chapter5/03-demo17/style.css

```css
body {
    background-image: url('images/hero.jpg');
    background-repeat: no-repeat;
    background-position: center;
    background-size: cover;
    height: 100vh;
    font-family: sans-serif;
    line-height: 1.4;
}
h1 {
    font-size: 6rem;
    text-align: center;
    font-weight: bold;
    padding-top: 16rem;
    mix-blend-mode: overlay;
}
```

文字色やブレンドモード
の種類で見え方が変わっ
てきます。

5-4
CHAPTER

カスタムプロパティ（変数）を使う

一度定義しておけば繰り返し利用できるのがカスタムプロパティです。JavaScriptなどのプログラミング言語では変数として利用されているおなじみのものですが、CSSでも使えるようになりました。

カスタムプロパティとは

「**カスタムプロパティ**」は「**CSS変数**」や「**カスケード変数**」とも呼ばれる、文字列や数値などを入れる箱のようなものです。

膨大なCSSコードの中で、何度も繰り返し使われる値はよくあります。例えばカラーコードは典型的な例です。メインで利用している色を別の色に変更するなら、CSSファイルから該当するカラーコードを検索、すべて置き換える作業を行う必要があります。

しかしカスタムプロパティを使えば、何度も利用するカラーコードを一箇所に保存しておき、複数の場所から参照して利用できます。色を変えるときは、最初に定義しておいたところだけを変更すれば、他の部分もすべて新しいカラーコードに置き換えられるのです。

また、「#4db1ec」という英数字を羅列したコードよりも「main-color」といった形で名前を付けた方が、それが何を表しているのか識別しやすいです。このようにカスタムプロパティを使うことでメンテナンスがしやすくなり、エラーも少なくなります。

今回は一例としてカラーコードを挙げましたが、もちろん数値や他の文字列でも利用できます。最初はとっつきにくい印象があるかもしれませんが、使い始めると効率の良さに魅了されます。さっそく使ってみましょう！

```
a {
    color: #4db1ec;
}
.btn {
    background-color: #4db1ec;
}
.border {
    border: 1px solid #4db1ec;
}
.title {
    color: #4db1ec;
}
```

すべて変更する必要があり

メインの色を変更しようとすると、すべてのカラーコードを書き換える必要があります。

```
:root {
    --main-color: #4db1ec;
}
a {
    color: var(--main-color);
}
.btn {
    background-color: var(--main-color);
}
.border {
    border: 1px solid var(--main-color);
}
.title {
    color: var(--main-color);
}
```

一箇所の変更で済む

カスタムプロパティを使えば、一箇所変更すれば、利用している部分にすべてに反映されます。

カスタムプロパティの使い方

01 カスタムプロパティの定義を行う

　まずはカスタムプロパティの定義です。「この箱にはこの値が入ってるよー！」という宣言をします。CSSの各セレクターに記述することもできますが、「:root」に定義すると、どの位置からでも参照できるようになります。

　カスタムプロパティの宣言は「--」から始め、続いてカスタムプロパティの名前を書きます。カスタムプロパティの名前は好きなものでOKです。そしてコロンで区切ってカスタムプロパティの値を記述します。

```
--grey: #333;
```
カスタムプロパティ名　　　値

「--」から書き始める以外は、通常のスタイルの指定と同じです。

[css] カスタムプロパティの定義の見本例

```
:root {
    --grey: #333;
}
```

「:root」に定義している

02 定義したカスタムプロパティを呼び出す

　実際に使いたい箇所で「var(--カスタムプロパティ名)」と記述すると、定義した値を当てはめて適用できます。

```
color: var(--grey);
```
カスタムプロパティ名

「--カスタムプロパティ名」だけでは適用されません。必ず「var( )」で囲む必要があります。

[css] カスタムプロパティの呼び出しの見本例

```
body {
        color: var(--grey);
        font-family: sans-serif;
}
```

この例だと「body」に「color: #333;」が加わります。

カスタムプロパティを使う時の注意点

カスタムプロパティを使う時のルールも覚えておきましょう。以下のような場合は無効になるので注意が必要です。

大文字と小文字が区別される ▶ デモファイル chapter5/04-demo1

カスタムプロパティ名は大文字と小文字で別の扱いとなります。例えば、「--bg」と「--BG」は別のカスタムプロパティとみなされるので、下の例では「var(--bg);」と指定すればピンクが、「var(--BG);」と指定すればオレンジが適用されます。

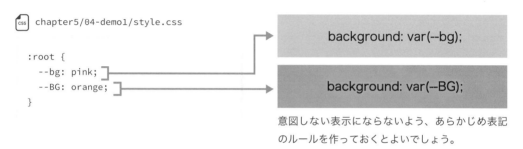

`chapter5/04-demo1/style.css`

```css
:root {
  --bg: pink;
  --BG: orange;
}
```

background: var(--bg);

background: var(--BG);

意図しない表示にならないよう、あらかじめ表記のルールを作っておくとよいでしょう。

プロパティ名をカスタムプロパティにできない ▶ デモファイル chapter5/04-demo2

カスタムプロパティには値のみが利用できます。プロパティ名をカスタムプロパティにすることはできません。下の書き方では「background-color: pink;」の指定にはならず、無効となります。

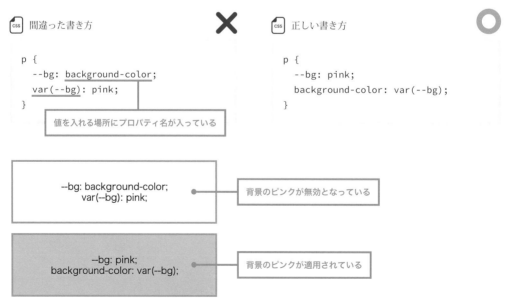

間違った書き方 ✕

```css
p {
  --bg: background-color;
  var(--bg): pink;
}
```

値を入れる場所にプロパティ名が入っている

正しい書き方 ○

```css
p {
  --bg: pink;
  background-color: var(--bg);
}
```

```
--bg: background-color;
    var(--bg): pink;
```
背景のピンクが無効となっている

```
--bg: pink;
background-color: var(--bg);
```
背景のピンクが適用されている

間違った書き方では背景色が適用されません。

呼び出す時に単位を書き足すだけでは無効となる

▶ デモファイル chapter5/04-demo3

数値のカスタムプロパティを定義し、呼び出す時「var(--カスタムプロパティ名)」の後ろに「px」や「%」、「rem」などの単位を書き足しても無効となります。下の例だと「padding: 2rem」とはなりません。カスタムプロパティに「--main-padding: 2rem;」として単位も含めておく必要があります。

css 間違った書き方 ✕

```
div {
  --main-padding: 2;
  padding: var(--main-padding)rem;
}
```

「var」の後ろに単位の指定

css 正しい書き方 ○

```
div {
  --main-padding: 2rem;
  padding: var(--main-padding);
}
```

単位も含めて指定

また、calc関数を使って単位を含めることも可能です。「1rem」など、1を掛けることで単位をプラスする技です。calc関数についてはP.312で詳しく解説します。

css calc関数を使った記述例

```
div {
  --gutter: 30;
  margin: calc(var(--gutter) * 1px);
}
```

```
--main-padding: 2;
padding: var(--main-padding)rem;
```

カスタムプロパティに単位を含めたものだけ、「padding」が適用されていない

```
--main-padding: 2rem;
padding: var(--main-padding);
```

```
--main-padding: 2;
padding: calc(var(--main-padding) * 1rem);
```

様々な場面でカスタムプロパティを使ってみよう

前ページまでの解説のようにカスタムプロパティは、「一度定義しておけばあとは好きなところで呼び出して使う」というだけのシンプルなものです。ただそれだけだと少し物足りないので、「こんな時にも使える」という便利な使い方を紹介します。

カスタムプロパティの中でカスタムプロパティを使う ▶ デモファイル　chapter5/04-demo4

例えばカスタムプロパティで色を定義した後、その色を使ったカスタムプロパティも定義できます。この例ではまず「--main-color」と「--sub-color」で2色を設定❶、そして「--bg-gradation」でグラデーションを作る値を作成し、その中に「--main-color」と「--sub-color」を盛り込んでいます❷。

📄 chapter5/04-demo4/style.css

```css
:root {
    --main-color: pink;
    --sub-color: orange;                                                ❶
    --bg-gradation: linear-gradient(var(--main-color), var(--sub-color)) fixed;
}                                                                       ❷

body {
    background: var(--bg-gradation);
}
```

> カスタムプロパティの中でカスタムプロパティを使ったコード

呼び出す時のコードが
「background: var(--bg-gradation);」
と、とってもシンプルです。

メディアクエリーとカスタムプロパティ ▶デモファイル chapter5/04-demo5

メディアクエリーの中にカスタムプロパティを定義すれば、指定した範囲の中でカスタムプロパティの値が適用されるようになります。

下の例では「--bg: pink;」を定義した後で❶、メディアクエリーに「min-width: 600px」の範囲を指定しています。つまり600px以上の画面幅では「--bg」の値を「orange」へと再定義しています❷。

呼び出す時に「background: var(--bg);」とすれば、600pxより狭い幅では背景色をピンクに、600pxより広い幅ではオレンジに変更できます❸。

chapter5/04-demo5/style.css

```css
:root {
  --bg: pink;                           ❶
}
@media (min-width: 600px) {
  :root {
    --bg: orange;                       ❷
  }
}

body {
  background: var(--bg);                ❸
}
```

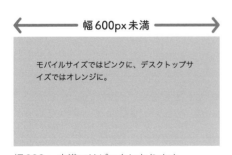

幅600px未満

モバイルサイズではピンクに、デスクトップサイズではオレンジに。

幅600px未満ではピンクになります。

幅600px以上

モバイルサイズではピンクに、デスクトップサイズではオレンジに。

幅600px以上ではオレンジになります。

5-5
CHAPTER

CSSでアニメーションをつける（トランジション）

CSSアニメーションには簡易的なトランジションと複雑な動きも設定できるキーフレームアニメーションがあります。まずはトランジションの使い方から見ていきましょう。

■ トランジションとは

　かつてはWebサイトに動きをつけるためにはJavaScriptが必要でしたが、現在はCSSで様々なアニメーションを加えられます。指定の時間をかけてプロパティを変化させられるのがトランジョンであり「transitionプロパティ」で実現できます。トランジョンは始点と終点の装飾の変化を表現できるので、単純な動きであれば transitionプロパティを使うとよいでしょう。

　「単純」とはどの程度かと言うと、始点・終点の２点間の動きしか設定できないため、途中で別の動きを追加したり、繰り返し動かすことはできません。また、アニメーションを自動再生はできず、「:hover（マウスカーソルを要素の上に乗せる）」など、発動させるきっかけが必要です。

　まずは簡単な例を見てみましょう。<div>タグの背景色に青、「:hover」したときは緑になるようCSSを記述しました。カーソルを合わせると、背景色が緑に変わります。

▶ デモファイル　chapter5/05-demo1

HTML　chapter5/05-demo1/index.html

```
<div>アニメーションなし</div>
<div class="transition-1s">アニメーションあり</div>
```

CSS　chapter5/05-demo1/style.css

```
div {
    background: #0bd;
    padding: 1rem;
    margin: 1rem;
    width: 200px;
    height: 200px;
}
div:hover {
    background: #9d6;
}
```

背景色に青

hoverしたとき緑

これに「transition: background 1s;」を追加します。「background」は変化させたいプロパティ、つまり背景色の指定です。

　「1s」は1 second（1秒）を表します。1秒かけて始点である「div」の装飾と、「div:hover」の装飾の相違点である背景色を変化させるという意味です。

　1秒以下の表記には「0.5s（.5sとも記述可能）や「500ms（ミリ秒）」などと指定できます。

📄 追加するコード

```css
.transition-1s {
    transition: background 1s;
}
```
1秒かけて変化させる

「transition」を使わない場合

マウスカーソルを合わせた瞬間に背景色がパッと変化します。

「transition」を使った場合

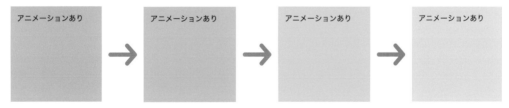

マウスカーソルを合わせたら背景色が1秒かけてフワッと変化します。

デモサイトを確認

本章のデモサイトではボタンやナビゲーションメニューに「transition」を使用しています。ボタンやナビゲーションメニューにマウスのカーソルを合わせると、色が青にフワッと変化します。

デモサイトのコーディングでは、メディアクエリー「@media (min-width: 600px)」を使ってデスクトップサイズにのみ、「a:hover」の指定をしています。これはタッチで操作していくモバイルデバイスには「カーソルを合わせる」という概念がないためです。

`HTML` chapter5/Demo-Event/index.html

```
<input class="ticket-btn" type="submit" value="Join Now!">
```

ボタンに「ticket-btn」クラスを加える

`CSS` chapter5/Demo-Event/css/style.css

```
.ticket-btn {
    background: var(--grey);
    color: var(--white);
    display: block;
    width: 100%;
    padding: 1rem;
    margin-top: 1rem;
}
/*
DESKTOP SIZE
================================= */
@media (min-width: 600px) {
    a:hover,
    .ticket-btn:hover {
        transition: .3s;
    }
    .ticket-btn:hover {
        background: var(--blue);
    }
}
```

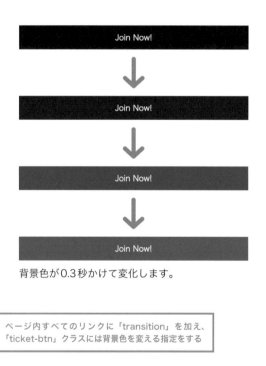

背景色が0.3秒かけて変化します。

ページ内すべてのリンクに「transition」を加え、「ticket-btn」クラスには背景色を変える指定をする

＊デモサイトでは色の指定にカスタムプロパティを使っているので、「var(--grey)」には「#333」、「var(--white)」には「#fff」、「var(--blue)」には「#1665cc」が代入されます。

transition関連のプロパティ

よく指定するのは、変化させるプロパティを指示する「transition-property」や、変化させる時間を指示する「transition-duration」です。より深く知るためにもトランジションで利用できる各プロパティを確認しましょう。

プロパティ名	意味	指定できる値
transition-property	アニメーションを適用するプロパティ	• all（初期値）…すべてのプロパティに適用 • プロパティ名…CSSプロパティの名前を記述 • none…適用させない
transition-duration	アニメーションの実行にかかる所要時間	• 数値s…秒 • 数値ms（ミリ秒）
transition-timing-function	アニメーションの速度やタイミング	• ease（初期値）…開始時と終了時は緩やかに変化 • linear…一定の速度で変化 • ease-in…最初はゆっくり、だんだん速く変化 • ease-out…最初は速く、だんだんゆっくりと変化 • ease-in-out…開始時と終了時はかなり緩やかに変化 • steps()…ステップごとに変化 • cubic-bezier()…変化の度合いを3次ベジエ曲線で指定
transition-delay	アニメーションが始まるまでの待ち時間	• 数値s…秒 • 数値ms（ミリ秒）

プロパティをまとめて記述する

ちなみに本章のデモサイトでは上記表のプロパティではなく「transition」という、まとめて記述する方法を採用しています。各プロパティの値をスペースで区切って指定できるので、記述が短く済みます。

項目は省略可能ですが、「transition-duration」は記述しておかないと実行されません。

以下の順序で記載します。

1. transition-property
2. transition-duration
3. transition-timing-function
4. transition-delay

 記述例

```
transition: background-color 1s ease-out 200ms;
```

カスタマイズ例:複数のプロパティを変化させる ▶ デモファイル chapter5/05-demo2

すべてのプロパティを変化させたいときは、「transition-property」を指定しなければ初期値の「all」が適用されます。ですが、アニメーションを加えたいプロパティと加えたくないプロパティが混在しているときは、プロパティごとに指定する必要があります。

以下の例ではカーソルを合わせる前後で背景色、幅、文字色が変化します。しかし、文字色が黒から白に変化する過程では、途中で灰色が表示されて少々見づらいので、文字色以外をアニメーションで変化させたいです。そんなときはプロパティごとにカンマで区切って指定しましょう。プロパティによってアニメーションの速度やタイミングに変化をつけたいときにも使えます。

🗎 chapter5/05-demo2/index.html

```
<h1>複数のプロパティを変化させる</h1>
```

🗎 chapter5/05-demo2/style.css

```css
h1 {
    background: #0bd;
    width: 300px;
    color: #333;
    padding: 1rem;
    margin: 1rem;
}
h1:hover {
    background: #9d6;
    width: 100%;
    color: #fff;
    transition: background 1s, width 2s ease-in-out;
}
```

複数のプロパティーを変化させる

複数のプロパティーを変化させる

複数のプロパティーを変化させる

複数のプロパティ を変化させる

背景色は1秒かけて、幅は2秒かけてアニメーションとともに変化。文字色にはアニメーションが付与されず、カーソルを合わせた瞬間に変化する

5-6
CHAPTER

CSSでアニメーションをつける(キーフレーム)

トランジションよりも細かい動きのアニメーションを実装するにはキーフレームアニメーションを使います。アニメーションの経過地点やタイミング、無限ループの有無についてもCSSだけで指定できます。

キーフレームとは

キーフレームアニメーションは時間の経過ごとにプロパティを指定できるアニメーションです。トランジションとは違い、開始から終了の間にいくつも経過地点を追加でき、それぞれ異なる装飾を加えられます。

この経過地点のことを**キーフレーム**と言い、どのように変化するかは「@keyframes」という@規則で定義します。また、アニメーションを自動再生できるので、「:hover」など、発動させるきっかけは不要です。

キーフレームの基本的な書き方

キーフレーム名は「@keyframes 任意のキーフレーム名」で宣言します❶。キーフレームの情報を0% 〜 100%で書いていきます❷。0%はアニメーション開始時、100%は終了時を表します。

[css] キーフレームの記述例

```
@keyframes 任意のキーフレーム名 {
    0% {
        プロパティ：値；
    },
    50% {
        プロパティ：値；
    },
    100% {
        プロパティ：値；
    }
}
```

❶ ❷

開始時と終了時の指定しかない場合は、0% を「from」❸、100% を「to」で置き換え可能です❹。

[css] 「from」と「to」を使った記述例

```
@keyframes 任意のキーフレーム名 {
    from {
        プロパティ：値；
    },
    to {
        プロパティ：値；
    }
}
```

❸ ❹

続いてアニメーションとそのキーフレームを連動させるために、キーフレーム名と要素に指定する「animation-name」の名前を一致させる必要があります。

記述例

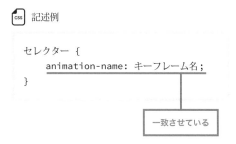

簡単な例の確認

まずは簡単な例を見てみましょう。キーフレーム「box-size」にキーフレームアニメーションを定義しました❶。

0%（開始時）は背景色を水色に、50%（中間地点）では紫に、100%（終了時）にはピンクになるよう設定しています❷。これを実際に利用したい要素、ここでは<div>タグに「animation-name: box-size;」で呼び出しています❸。

アニメーションを再生する時間を表す「animation-duration」も必須プロパティなので、必ず一緒に記述しましょう。ここでは「6s」にして6秒かけてアニメーションを再生するよう指定しました❹。

HTML chapter5/06-demo1/index.html

```
<div>ボックスの色を変更するanimation</div>
```

CSS chapter5/06-demo1/style.css

```
div {
    background: pink;
    padding: 1rem;
    display: inline-block;
    animation-name: box-size;        ❸
    animation-duration: 6s;          ❹
}
@keyframes box-size {                ❶
    0% {
        background: skyblue;
    }
    50% {
        background: plum;            ❷
    }
    100% {
        background: pink;
    }
}
```

▶ デモファイル chapter5/06-demo1

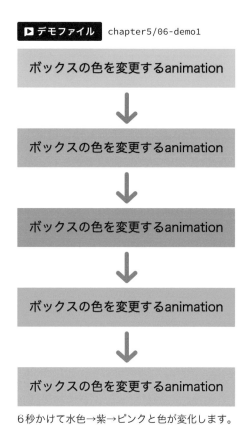

6秒かけて水色→紫→ピンクと色が変化します。

デモサイトを確認

本章のデモサイトではページトップのファーストビューエリアにキーフレームアニメーションを使用しています。ゆっくりと時間をかけて背景画像の色が8色に変化します。0%、12.5%、25%、37.5%、50%、62.5%、75%、87.5%、100%とかなり細かく区切り、それぞれ「background-color」で異なる背景色を指定しています。

アニメーションを使用する要素、「<section id="hero">」には「animation: bg-color 24s infinite;」と指定してアニメーションを呼び出しました。「animation」は省略形の書き方で、「キーフレーム bg-color を24秒かけてループさせて表示してね」という指定をしています。

- var(--light-blue) ········ #4db1ec;
- var(--blue) ············ #1665cc;
- var(--purple) ·········· #b473bf;
- var(--pink) ············ #ffb2c1;
- var(--orange) ········· #ff9f67;
- var(--yellow) ·········· #ffd673;
- var(--light-green) ······ #a2e29b;
- var(--green) ·········· #00a2af;

＊デモサイトでは色の指定にカスタムプロパティを使っているので、左のように色が設定されています。カスタムプロパティについては P.202 を参照してください。

`[HTML]` chapter5/Demo-Event/index.html

```html
<section id="hero">
    <div class="wrapper">
        <h1>WCB Conference</h1>
        <p class="hero-date">2020. 11. 7. 14:00 - 16:00</p>
        <p>
            オンラインで行っているWebサイト制作の勉強会、WCB Conference。
            今回は最新のCSSテクニックとデザイントレンドを中心に紹介します。
            参加料金は無料！お気軽にご参加ください。
        </p>
    </div>
</section>
```

ファーストビューのエリアを「hero」というIDで囲む

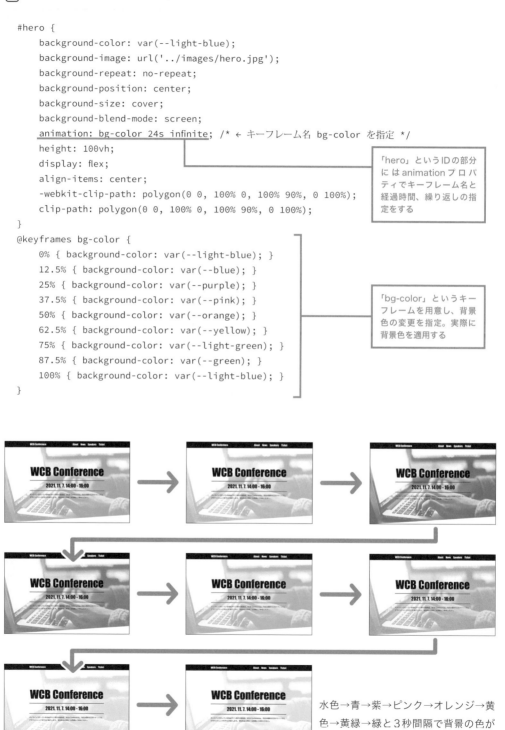
```css
#hero {
    background-color: var(--light-blue);
    background-image: url('../images/hero.jpg');
    background-repeat: no-repeat;
    background-position: center;
    background-size: cover;
    background-blend-mode: screen;
    animation: bg-color 24s infinite; /* ← キーフレーム名 bg-color を指定 */
    height: 100vh;
    display: flex;
    align-items: center;
    -webkit-clip-path: polygon(0 0, 100% 0, 100% 90%, 0 100%);
    clip-path: polygon(0 0, 100% 0, 100% 90%, 0 100%);
}
@keyframes bg-color {
    0% { background-color: var(--light-blue); }
    12.5% { background-color: var(--blue); }
    25% { background-color: var(--purple); }
    37.5% { background-color: var(--pink); }
    50% { background-color: var(--orange); }
    62.5% { background-color: var(--yellow); }
    75% { background-color: var(--light-green); }
    87.5% { background-color: var(--green); }
    100% { background-color: var(--light-blue); }
}
```

「hero」というIDの部分には animation プロパティでキーフレーム名と経過時間、繰り返しの指定をする

「bg-color」というキーフレームを用意し、背景色の変更を指定。実際に背景色を適用する

水色→青→紫→ピンク→オレンジ→黄色→黄緑→緑と3秒間隔で背景の色が変化します。

animation関連のプロパティ

animationはトランジションよりも複雑な動きを実装できる分、用意されているプロパティも多くなっています。キーフレームアニメーションで利用できる各プロパティを確認しましょう。

プロパティ名	意味	指定できる値
animation-name	@keyframesで定義したキーフレーム名	ダッシュ - または英文字から始まるキーワード
animation-duration	一回分のアニメーションの実行にかかる所要時間	● 数値s…秒 ● 数値ms（ミリ秒）
animation-timing-function	アニメーションの速度やタイミング	● ease（初期値）…開始時と終了時は緩やかに変化 ● linear…一定の速度で変化 ● ease-in…最初はゆっくり、だんだん速く変化 ● ease-out…最初は速く、だんだんゆっくりと変化 ● ease-in-out…開始時と終了時はかなり緩やかに変化
animation-delay	アニメーションが始まるまでの待ち時間	● 数値s…秒 ● 数値ms（ミリ秒）
animation-iteration-count	アニメーションを繰り返す回数	● 数値…繰り返す回数 ● inifinite…無限ループ
animation-direction	アニメーションの再生方向	● normal（初期値）… 通常の方向で再生 ● alternate … 奇数回で通常・偶数回で反対方向に再生（行って帰って行って帰って…という具合） ● reverse … 逆方向に再生 ● alternate-reverse … alternate の逆方向に再生
animation-fill-mode	アニメーションの再生前後の状態	● none（初期値）…なし ● forwards … 再生後、最後のキーフレームの状態を保持 ● backwards … 再生前、最初のキーフレームの状態を適用 ● both … forwards と backwards の両方を適用
animation-play-state	アニメーションの再生と一時停止	● running（初期値）…再生中 ● paused…一時停止

プロパティをまとめて記述する

キーフレームアニメーションもトランジションと同じくまとめて記述できます。その場合は animation プロパティを使って各プロパティの値をスペースで区切って指定します。項目は省略可能ですが、「animation-name」と「animation-duration」は記述しておかないと実行されません。以下の順序で記述します。

---

1. animation-name   2. animation-duration

3. animation-timing-function   4. animation-delay

5. animation-iteration-count   6. animation-direction

7. animation-fill-mode   8. animation-play-state

 記述例

```
animation: nice-name 5s ease-in 1s infinite forwards;
```
　　　　　　　　　　　　　　　　　　　　　下の記述と同じ意味になります。

 記述例

```
animation-name: nice-name;
animation-duration: 5s;
animation-timing-function: ease-in;
animation-delay: 1s;
animation-iteration-count: infinite;
animation-fill-mode: forwards;
```

カスタマイズ例：3回上下に動くテキスト

「新着情報！」「おすすめ商品！」など、ちょっと目立たせたいテキストをキーフレームアニメーションで動かしてみましょう。ただ、ずっと動いていると少し目障りなので、読み込んでから最初の3回だけ動かすとします。

0%、25%、50%、75%、100%で「top」の位置を変え、上下に動かすよう指定しました。0%、50%、100%の時には同じスタイルを適用させたいので、「,（カンマ）」で区切って複数指定しています。

📄 HTML chapter5/06-demo2/index.html ▶デモファイル chapter5/06-demo2

```
<p class="recommend">\ おすすめ /</p>
```

📄 CSS chapter5/06-demo2/style.css

```
.recommend {
    color: tomato;
    display: inline-block;
    position: relative;
    animation: recommend-animation 2s 3;
}
@keyframes recommend-animation {
    0%, 50%, 100% {
        top: 0;
    }
    25% {
        top: -.8rem;
    }
    75% {
        top: -.5rem;
    }
}
```

animation-name: recommend-animation;
animation-duration: 2s;
animation-iteration-count: 3;
の略

❶ アニメーションの開始、中間、終わりには元の位置の「0」に指定している

❷

❸ 間にマイナスの値を指定して跳ねるイメージにしている

❶のコードと連携	❷のコードと連携	❶のコードと連携	❸のコードと連携	❶のコードと連携
\ おすすめ /	\ おすすめ /	\ おすすめ /	\ おすすめ /	\ おすすめ /

「おすすめ」の文字が上にぴょこぴょこジャンプするイメージの動きです。

カスタマイズ例：マウスカーソルを合わせるとキラリと光る画像

これまではページが読み込まれたら自動的に再生されるアニメーションを紹介してきましたが、「:hover」を使ってマウスカーソルを合わせた時にアニメーションが始まる書き方も試してみましょう。

0%のとき、つまり画像にカーソルを合わせた瞬間に「opacity: .2;」を適用させ、画像の不透明度を0.2に設定します❶。その後1秒かけて「opacity」を「1」にして不透明度をなしに、つまり元の画像の表示に戻します❷。

▶ デモファイル　chapter5/06-demo3

HTML　chapter5/06-demo3/index.html

```
<img src="mesomeso.jpg" alt="お昼寝わんこ">
```

CSS　chapter5/06-demo3/style.css

```
img:hover {
    animation: hover-flash 1s;
}
@keyframes hover-flash {
    0% {
        opacity: .2;            ❶
    }
    100% {
        opacity: 1;             ❷
    }
}
```

❶と❷でパッと光って徐々に光が薄れていくような表現にしています。

カーソルを合わせると…

パッと光る！

❶のコードと連携

❷のコードと連携

Animate.cssを使ってアニメーションを実装する

キーフレームアニメーションは自由度が高く、豊かな表現を可能にしてくれますが、キーフレームを自分で書いていくのはなかなか大変です。そんな時に使えるのが「Animate.css」のWebサイトです。100種類近くの動きが用意されていて、CSSファイルを読み込んで必要なクラスを付与するだけで実装することができます。

https://animate.style/

100種類近くの動きが用意されている

◪ CSSファイルを読み込ませる

まずは<head>内に「animate.css」を読み込ませます。

chapter5/column1-demo1/index.html ▶デモファイル chapter5/column1-demo1

```html
<!DOCTYPE html>
<html lang="ja">
    <head>
        <meta charset="utf-8">
        <title>animate.css デモ</title>
        <link rel="stylesheet" href="https://cdnjs.cloudflare.com/ajax/libs/animate.css/4.0.0/animate.min.css">
    </head>

        <body>

        </body>
</html>
```

HTMLに「animate.css」を読み込ませている

2 HTML要素にクラスを追加する

　続いてアニメーションを加えたい要素にクラスをつけます。必要なクラスは最少で次の2種類です。

1. animate__animated	2. アニメーションの種類

　「animate__animated」は「animate.cssを使ってアニメーションを加える」というクラスです。これがないと実行されません。

　そしてアニメーションの種類を表すクラス名は1つひとつ異なります。「animate.css」のWebサイトの右側にアニメーションの種類が一覧になっていて、こちらをクリックすると画面中央の「Animate.css」の文字が動きます。さらに右端の小さな四角いアイコンをクリックすると、そのアニメーションのクラス名をコピーすることができます。

　例えばリストの一番上にある「bounce」の動きをつけたいときは下のようなクラス名になります。

📄 bounce のクラス名

```
<p class="animate__animated animate__bounce">bounce</p>
```

小さな四角いアイコンをクリックするとクラス名をコピーすることができる

この小さな四角いアイコンはマウスのカーソルを合わせたときのみ表示されます。

アニメーションの実行を遅らせる

要素を読み込んですぐアニメーション実行するのではなく、少し時間をあけて実行することもできます。これには上記「animate__animated」とアニメーションの種類のクラス名の他に、遅らせる秒数によって右のクラス名を追加します。

クラス名	遅らせる秒数
animate__delay-1s	1秒
animate__delay-2s	2秒
animate__delay-3s	3秒
animate__delay-4s	4秒
animate__delay-5s	5秒

「rubberBand」の動きを1秒遅らせて表示するためには、下のようなコードになります。

📄 動きを1秒遅らせて表示する記述

```
<p class="animate__animated animate__rubberBand animate__delay-1s">rubberBand</p>
```

アニメーションを繰り返し実行

通常アニメーションは1度実行されれば終了しますが、繰り返し実行したいときは右のクラスを追加します。

クラス名	繰り返す数
animate__repeat-1	1回
animate__repeat-2	2回
animate__repeat-3	3回
animate__infinite	無限ループ

「fadeInUp」の動きを3回繰り返したいときは、下のようなクラス名になります。

📄 動きを3回繰り返す記述

```
<p class="animate__animated animate__fadeInUp animate__repeat-3">fadeInUp</p>
```

5-7
CHAPTER

斜めのラインのデザインを作る

印刷物のデザインは要素の形状を変化させバラエティに富んだ表現を行っています。対してWebページでは垂直並行のボックスを並べて構成していく形が基本です。要素の形を少し変えて、もっとクリエイティブな表現をしてみましょう。

「clip-path」の基本的な使い方

「斜めのライン」を実装するには様々な方法がありますが、今回使うプロパティは「clip-path」です。これは要素自体を斜めにするのではなく、頂点の位置をX軸、Y軸の値で指定し、その形で切り抜く方法です。指定した範囲のものが表示され、外側の部分は非表示となります。

多角形で切り抜く場合は「polygon()」の括弧内に「, (カンマ)」で区切って各頂点の座標を「X軸の位置 Y軸の位置」の順に指定します。

 「clip-path」の記述

```
clip-path: polygon( 頂点AのX軸の位置 頂点AのY軸の位置 , 頂点BのX軸の位置 頂点BのY軸の位置 …);
```

座標の指定方法

ひし形を例に見てみましょう。

X軸は左端が0、右端が100%。Y軸は最上部が0、最下部が100%です。

頂点が描かれる方向は時計回りなので、右図を参考にCSSに書き起こすと次のコードとなります。

なお、Safariなど他のブラウザーにも対応させるために、「-webkit-」のベンダープレフィックス※のついたコードも用意しておきましょう。

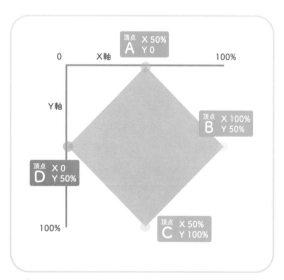

まずは図に書き起こしてみるとコードを想像しやすいです。

※ベンダープレフィックス…各ブラウザーがCSSの草案段階の新しい機能を先行して実装する際に必要な接頭辞。

```css
div {
    background: #0bd;
    height: 100vh;
    -webkit-clip-path: polygon(50% 0, 100% 50%, 50% 100%, 0 50%);
    clip-path: polygon(50% 0, 100% 50%, 50% 100%, 0 50%);
}
```

ベンダープレフィックス	頂点A	頂点B	頂点C	頂点D

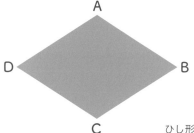

ひし形が表示されました！

要素の下部を斜めに切り抜く

「clip-path」の基本的な使い方がわかったところで、デモサイトを確認してみましょう。

HTML chapter5/Demo-Event/index.html

```html
<section id="news">
    <h2>News</h2>
    <div class="wrapper">
        <table class="news-table">
            <tr>
                <td class="news-date">2020年10月16日</td>
                <td class="news-content">参加登録を開始しました</td>
            </tr>
            （・・・ コンテンツ内容省略 ・・・）
        </table>
    </div>
</section>
```

> 斜めにする箇所に「news」
> というID名を加える

CSS chapter5/Demo-Event/css/style.css

> 右上、右下の頂点の位置を10%ずつずらす

```css
#news {
    background-image: linear-gradient(var(--light-green), var(--green));
    padding: 7rem 0;
    -webkit-clip-path: polygon(0 0, 100% 10%, 100% 90%, 0 100%);
    clip-path: polygon(0 0, 100% 10%, 100% 90%, 0 100%);
}
```

右上と右下の頂点が元の四角形から10%ずつ上下にずれて、斜めのラインに仕上がりました。

カスタマイズ例：見出しを矢印風に切り抜く

　四角形の場合は頂点が4つですが、頂点はいくつでも追加できます。作成したい形に合わせて頂点の数を変えましょう。右向き矢印風の形は全部で頂点が5つ。左上から時計回りに座標を記述します。今回は見出しの幅を500pxとしているので、矢印部分は30pxずつ内側にずらし、Xの座標を470pxに設定しました。座標の指定は「polygon()」で記述します。

CSS chapter5/07-demo2/style.css　　▶デモファイル　chapter5/07-demo2

```css
h1 {
    background: #0bd;
    padding: 1rem 2rem;
    font-size: 1.5rem;
    width: 500px;
    color: #fff;
    -webkit-clip-path: polygon(0 0, 470px 0, 100% 50%, 470px 100%, 0 100%);
    clip-path: polygon(0 0, 470px 0, 100% 50%, 470px 100%, 0 100%);
}
```

右上と右下の頂点を30pxほど左にずらしている

clip-path：見出しを矢印風に切り抜く

単位は%だけでなく、pxやremも指定できます。

カスタマイズ例：要素の下部を円形に切り抜く

楕円を描くときは「ellipse()」を使います。

円形の場合は頂点がないので、縦横の半径と中心点の位置を指定します。円の大きさは直径ではなく半径の値になるので注意しましょう。

📄 css ellipse の記述例

ellipse (横の半径 縦の半径 at 中心点のX軸の位置 中心点のY軸の位置) ;

要素の下部だけ丸みを出すには、半径の値をそれぞれ50％より大きい数値に設定して、親要素から円がはみ出すかたちで表現します。

今回のデモでは中心点のY軸の位置が0で一番上にあるので、縦の半径を100％にすると、要素の最下部で円弧が描かれます。

それでは下のデモを見てみましょう。

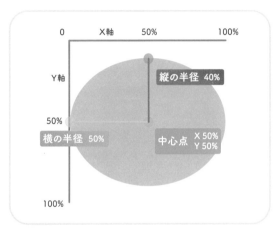

半径の値は座標ではなく中心点からの距離です。

📄 css chapter5/07-demo3/style.css　　▶ デモファイル　chapter5/07-demo3

```css
div {
    background: #0bd;
    height: 100vh;
    -webkit-clip-path: ellipse(80% 100% at 50% 0);
    clip-path: ellipse(80% 100% at 50% 0);
}
```

> 楕円の中心点を画面の1番上、真ん中の位置に設定し、楕円を画面からはみ出している

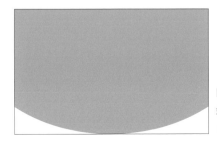

円形をエリアの境界線に使うと、斜めのラインとはまた違った優しい雰囲気になります。

■ カスタマイズ例：ページの隅に正円の一部を表示させる

正円を描くときは「circle()」を使って半径や中心点の位置を指定します。楕円を描くときの書き方とよく似ていますが、正円だと縦と横の半径が同じなので記述がシンプルになります。

css circle() の記述例

```
circle( 半径 at 中心点のX軸の位置 中心点のY軸の位置 );
```

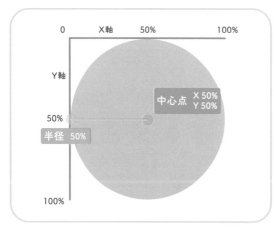

半径の値が小さくなれば円が小さくなり、
大きくなれば要素からはみ出ます。

css chapter5/07-demo4/style.css ▶ デモファイル chapter5/07-demo4

```
div {
    background: #0bd;
    height: 100vh;
    -webkit-clip-path: circle(50% at 0 0);
    clip-path: circle(50% at 0 0);
}
```

正円は横と縦の半径が同じ

中心点を「0 0」にすると画面の左上を
中心に円が描かれます。

COLUMN

—

「clip-path」の座標を手軽に取得する

　様々な形を生み出せる「clip-path」はとても便利ですが、やはり座標の指定が面倒です。そんなときに強い味方となるのが「Clippy」というWebサイトです。

　台形や六角形、吹き出し型、円、矢印形、星形、クロス形など、あらかじめ多様な形が用意されています。クリックすると画面中央にベースとなる形が表示され、各頂点や中心点をドラッグすれば好みの形に作成できます。ページ下部に座標を加えたコードが表示されるので、あとはコードをコピー＆ペーストすれば形が作れます。必要に応じてこういったサービスも利用してみるとよいでしょう。

https://bennettfeely.com/clippy/

5-8
CHAPTER

グラデーションで表現する

画面を単色で塗りつぶすとなんだかそっけなく感じてしまう時は、グラデーションで少し濃淡をつけたり、異なる色を組み合わせて違う雰囲気を演出してみるとよいでしょう。グラデーションはたった1行で実装できます。

縦方向のグラデーション

グラデーションはbackground-imageプロパティを使います。値には「linear-gradient()」で複数の色を「,（カンマ）」で区切って指定します。

CSS グラデーションの記述例

```
background-image: linear-gradient(色1, 色2);
```

本章のデモサイトでは2つのエリアで背景をグラデーションに設定しています。例えばページの一番下の「Ticket」エリアでは縦方向にピンクから紫へと変わるグラデーションカラーを実装しました。

HTML chapter5/Demo-Event/index.html

```
<section id="ticket">
    <h2>Ticket</h2>
    （・・・ コンテンツ内容省略 ・・・）
</section>
```

エリア全体を「ticket」というIDのついたsectionタグで囲む

- var(--pink) ········· #ffb2c1;
- var(--purple) ······ #b473bf;

＊デモサイトでは色の指定にカスタムプロパティを使っているので、以下のように色が設定されています。カスタムプロパティについてはP.202を参照してください。

CSS chapter5/Demo-Event/css/style.css

```
#ticket {
    background-image: linear-gradient(var(--pink), var(--purple));
    padding: 6rem 1rem 2rem;
    -webkit-clip-path: polygon(0 0, 100% 10%, 100% 100%, 0 100%);
    clip-path: polygon(0 0, 100% 10%, 100% 100%, 0 100%);
}
```

1色目を変数pink、2色目を変数purpleに設定

上部に光が当たっているような表現に
なり色の変化がきれいに出ています。

グラデーションのテキストを作る

　本章のデモサイトでは見出しの文字色をグラデーションにしている箇所もあります。これはグラデーションの設定❶の他に、「background-clip: text;」で背景色を文字の形でくり抜く指定をしています❷。

　また、「text-fill-color: transparent;」でテキストを透明にする指定も行っておかないと、文字色がそのまま表示されてしまうので同時に記述しておきましょう❸。この「background-clip」と「text-fill-color」はChromeやSafariなどのブラウザーではうまく実装できません。ベンダープレフィックス「-webkit-」を先頭に記述したものも併記しておきましょう。

HTML chapter5/Demo-Event/index.html

```
<section id="about" class="wrapper">
    <h2>About</h2>
    （・・・ コンテンツ内容省略 ・・・）
</section>
```

グラデーションを適用させる見出しを<h2>タグで囲む

● var(--yellow) ……… #ffd673;
● var(--orange) …… #ff9f67;

＊デモサイトでは色の指定にカスタムプロパティを使っているので、以下のように色が設定されています。カスタムプロパティについてはP.202を参照してください。

CSS chapter5/Demo-Event/css/style.css

```
#about h2 {
    background: linear-gradient(var(--yellow), var(--orange));    ❶
    -webkit-background-clip: text;                                ❷
    background-clip: text;
    -webkit-text-fill-color: transparent;                         ❸
    text-fill-color: transparent;
}
```

About

ベンダープレフィックス「-webkit-」をつけないとChromeにおいてこのように表示されます。

About

ベンダープレフィックス「-webkit-」をつけると文字部分にグラデーションが乗り表示されます。

■ カスタマイズ:グラデーションの角度を変更する ▶デモファイル chapter5/08-demo1

デフォルトでは縦方向のグラデーションですが、角度を変えて横向きや斜めからのグラデーションカラーを実装することも可能です。

角度は数値に角度の単位である「deg」をつけ、「,（カンマ）」で区切って丸括弧内の先頭に記述します。角度は「-（マイナス）」をつけて負の値を指定することも可能です。

HTML chapter5/08-demo1/index.html

```
<div class="horizontal">
    横方向のグラデーション
</div>

<div class="angled">
    斜め方向のグラデーション
</div>
```

CSS chapter5/08-demo1/style.css

```
.horizontal {
    background: linear-gradient(90deg, #4db1ec, #a2e29b);
}
.angled {
    background: linear-gradient(125deg, #ffd673, #ffb2c1);
}
```

90°回転

125°回転

横方向のグラデーション

斜め方向のグラデーション

カスタマイズ：円形グラデーション ▶デモファイル chapter5/08-demo2

　直線上に伸びるグラデーションではなく、円形のグラデーションを実装するには「linear-gradient」ではなく「radial-gradient」を使います。色の指定は先程と同様に「,（カンマ）」で区切って指定しましょう。

📄 chapter5/08-demo2/style.css

```css
div {
    background: radial-gradient(#a2e29b, #00a2af);
}
```

黄緑　　水色

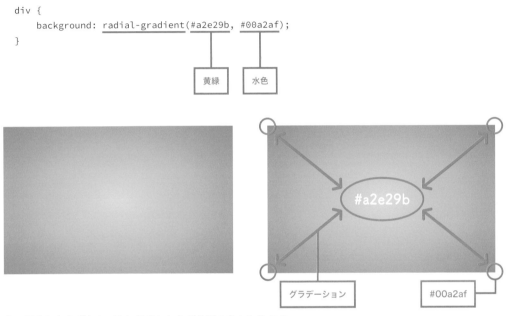

#a2e29b

グラデーション　　#00a2af

先に指定した色が中央、次に指定した色が外側の色となります。

グラデーションの配色アイデア

　グラデーションを考えるときは、あまりに色相がかけ離れた2色を選ぶと中間の色が濁ってしまいます。まずは1つの色を決めたら、そこから明度や彩度を少し変化させていくとよいでしょう。これだけできれいなグラデーションが作成できます。慣れてきたら徐々に2つの色を変化させていくとよいです。

　次のページでは筆者がきれいだと感じているグラデーションのパターンをいくつか紹介します。

| #238CCC → #C5E5EE

「#238CCC」→「#C5E5EE」のグラデーション。涼しげで清涼感のあるイメージ。全体をすっきりと見せたい時に使えます。

| #E6551E → #F5BC2D

「#E6551E」→「#F5BC2D」のグラデーション。元気で活動的な雰囲気になるので、力強い太めのフォントと相性がよいです。

| #99C66A → #67C0D7

「#99C66A」→「#67C0D7」のグラデーション。清潔感があり、現代的な印象があるので、企業サイトとの相性もバッチリの配色です。

| #E62434 → #93291D

「#E62434」→「#93291D」のグラデーション。赤と黒を合わせたグラデーションです。シックな印象でかっこよく見せられます。

| #FFE5AE → #FFFFFF

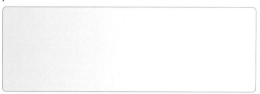

「#FFE5AE」→「#FFFFFF」のグラデーション。ふんわりと優しげな組み合わせの配色は、明るさと高級感を兼ね備えています。

| #9E549C → #392152

「#9E549C」→「#392152」のグラデーション。神秘的で高級感を感じるグラデーションは気品あふれる大人の配色です。

| #F0CBA5 → #ED6B82

「#F0CBA5」→「#ED6B82」のグラデーション。まるで桃を彷彿させるような甘くて可愛らしい印象のグラデーションです。

| #CA654B → #543221

「#CA654B」→「#543221」のグラデーション。渋さや大人っぽさが出せるグラデーション。白などの明るい色と合わせてバランスを取るとなおよいです。

#64B44C → #FFEB7F

「#64B44C」→「#FFEB7F」のグラデーション。若葉のような新鮮さを思わせる組み合わせ。爽やかな印象になります。

#CBD5EE → #EEEEEE

「#CBD5EE」→「#EEEEEE」のグラデーション。クールでどこか神秘的な印象のグラデーション。明朝体フォントと合わせてかしこまった雰囲気です。

#EB5D7E → #7C539D

「#EB5D7E」→「#7C539D」のグラデーション。明るめのピンクを、紫と組み合わせることで可愛いだけではない、おしゃれな雰囲気になります。

#20AAD8 → #402C86

「#20AAD8」→「#402C86」のグラデーション。明るい水色から深い青のグラデーションは知的あふれる信頼の印象になります。

#E83E43 → #F7B187

「#E83E43」→「#F7B187」のグラデーション。柔らかな赤のグラデーションは暗い色と合わせてかっこよく、明るい色と合わせて可愛らしくなります。

#67BFD5 → #F7CD39

「#67BFD5」→「#F7CD39」のグラデーション。夏の海のような爽やかさと活動的な印象のある色の組み合わせです。

#C49E54 → #FEEFEA

「#C49E54」→「#FEEFEA」のグラデーション。豪華なイメージのゴールドは全体のアクセントとして使うとよいでしょう。

#D9A7C7 → #FEFADE

「#D9A7C7」→「#FEFADE」のグラデーション。淡い紫から薄い黄色の組み合わせは、大人の女性や和のイメージにもよく合います。

5-9
CHAPTER

スライドメニューを設置する

モバイルサイズのWebサイトやスマートフォンのアプリでよく見かけるのが**スライドメニュー**です。実は簡単なJavaScriptで実装できます。装飾をカスタマイズしたい時はCSSで行います。

01　メニューを開いた状態を作成する

　最初にHTMLとCSSで「Menu」を作成します。ボタンをクリックしてメニューが開いている状態をイメージしてください。メニュー部分とボタンは「position: absolute;」で位置を指定しています。それ以外のコードは色や線、余白の指定などです。特に変わったことはしていません。

📄 Demo-Event/index.html

```html
<nav>
    <button class="btn-menu">Menu</button>
    <ul class="main-nav">
        <li><a href="#about">About</a></li>
        <li><a href="#news">News</a></li>
        <li><a href="#speakers">Speakers</a></li>
        <li><a href="#ticket">Ticket</a></li>
    </ul>
</nav>
```

「Menu」ボタンと表示させるメニューリストを\<nav\>タグで囲む

📄 Demo-Event/css/style.css

```css
.btn-menu {
    position: absolute;
    top: 12px;
    right: 12px;
    border: 1px solid rgba(255,255,255,.5);
    color: var(--white);
    padding: .5rem 1rem;
}
.main-nav {
    background: var(--grey);
    width: 100%;
    position: absolute;
    z-index: 2;
    top: 50px;
    right: 0;
```

「position: absolute;」で表示する位置を指定

```
        overflow: hidden;
}
.main-nav li {
        text-align: center;
        margin: 2rem 0;
}
.main-nav a {
        display: block;
}
```

まだボタンを押しても何も起こらない状態です。

chapter5

02　JavaScriptでボタンをクリックした時にクラスを追加する

　続いてJavaScriptです。「js」というフォルダーを新規作成し、その中に「script.js」というJavaScriptファイルを作成しましょう。

　作成した「script.js」をHTMLファイルの</body>タグの直前に script タグを使って読み込ませます。

📄 Demo-Event/index.html

```
（・・・ コンテンツ内容省略 ・・・）

    <!-- JavaScript -->
        <script src="js/script.js"></script>
        </body>
</html>
```

</body>タグの直前にscript.jsファイルを読み込ませる

　「script.js」ファイルを開き、下のコードを記述します。各行を簡単に訳すと、

❶ 「btn-menu」クラスのついたボタンを「btn」という箱に入れる
❷ 「main-nav」クラスのついたメニュー部分を「nav」という箱に入れる
❸ ボタンをクリックすると
❹ メニュー部分に「open-menu」というクラスをつけたり外したりする

ということです。

```javascript
const btn = document.querySelector('.btn-menu');        ❶
const nav = document.querySelector('.main-nav');        ❷
btn.addEventListener('click', () => {                    ❸
  nav.classList.toggle('open-menu');                     ❹
});
```

※より詳しいJavaScriptの記述は、別途、他の書籍などで確認するとよいでしょう。本書ではHTMLとCSSの基礎まで理解できたWebデザイナーに向けて解説しています。

どのような状態になるのか本章のデモサイトをデベロッパーツールで確認するとわかりやすいでしょう。

ボタンをクリックするたびにメニュー部分に「open-menu」というクラスがついたり外れたりしています。

この「open-menu」クラスにメニューが開いたときの装飾を加えることで、ボタンをクリックしたらメニューが開閉するという動作を実装します。

ページを読み込んだ時。クラスは付与されていません。

ボタンをクリックすると、「main-nav」クラスのついた要素に、新たに「open-menu」クラスが付与されています。

03　メニューの幅を変更する

　P.236の **01** ではメニューを開いた状態にしていましたが、デフォルトでは非表示にしたいので、メニューの幅を「0」にしておきます。幅がないので見えなくなります。

📄 chapter5/Demo-Event/css/style.css

```css
.main-nav {
    background: var(--grey);
    width: 0; /* ←100%から 0 に変更 */
    position: absolute;
    z-index: 2;
    top: 50px;
    right: 0;
    overflow: hidden;
}
```

「.main-nav」の幅を0にして非表示にする

　そして以下のコードを追加し、ボタンをクリックした時、つまりopen-menuクラスがついた時は幅を「100%」にして全面に表示させます。

📄 chapter5/Demo-Event/css/style.css

```css
.main-nav.open-menu {
    width: 100%;
}
```

main-navクラスのある要素、かつopen-menuクラスが付与された場合に幅を100%に変化させる

ページ読み込み時。メニューのナビゲーションは見えなくなっています。

「Menu」ボタンをクリックするとメニューが表示・非表示されるようになりました。

このままだと「スライド」メニューではないので、CSSでアニメーションを加えましょう。「.main-nav」の部分に transition プロパティを1行追加するだけで実現できます。

なお、「.5s」は「0.5秒」の意味です。スピードは好みで変更してください。

CSS chapter5/Demo-Event/css/style.css

```css
.main-nav {
    background: var(--grey);
    width: 0;
    position: absolute;
    z-index: 2;
    top: 50px;
    right: 0;
    overflow: hidden;
    transition: .5s; /* ← 追加 */
}
```

transitionを追加して動きを加える

右端から左端へ流れるようにメニューが開閉されます。

05　ボタンのテキストを変更する

基本的な実装は以上ですが、最後にボタンのテキストを変えてみましょう。

メニューを閉じている時は「メニュー」、開いている時は「閉じる」に変更しましょう。JavaScriptにクリックしたときの動作を追加します。

追加する4行を簡単に訳すと

❶ もしボタンに「Menu」と書いてあったら
❷ テキストを「Close」に変えてください
❸ そうでなかったら（=「Close」と書かれているなら）
❹ テキストを「Menu」に変えてください

という内容です。

つまりボタンをクリックしたらメニュー部分にopen-menuクラスを追加し、同時にボタンに書かれているテキストを判定してテキストを書き換える、ということになります。

📄 chapter5/Demo-Event/js/script.js

```
const btn = document.querySelector('.btn-menu');
const nav = document.querySelector('.main-nav');

btn.addEventListener('click', () => {
  nav.classList.toggle('open-menu');
  /* ↓ この部分追加 ↓ */
  if (btn.innerHTML === 'Menu') {          ❶
    btn.innerHTML = 'Close';               ❷
  } else {                                 ❸
    btn.innerHTML = 'Menu';                ❹
  }
});
```

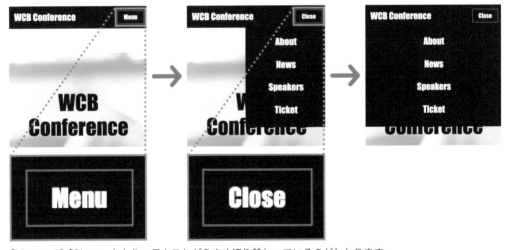

「Menu」が「Close」となり、テキストがうまく切り替わっているのがわかります。

5-10

CHAPTER

練習問題

本章で学んだことを実際に活用できるようにするため、手を動かして学べる練習問題をご用意いたしました。練習問題用に用意されたベースファイルを修正して、以下の装飾を実装してください。

1 背景色を上部#9e549c、下部 #392152のグラデーションカラーに変更する

2 クラス「hero」部分の右下を20%切り抜いた斜めのラインにする

3 クラス「btn」のボタンにカーソルを合わせると、0.5秒かけてボタンの背景色が #ff0 に変わるよう設定する

ベースファイルを確認しよう

 練習問題ファイル：chapter5/10-practice-base

背景色は紫一色、長方形のよくあるシンプルな構成になっています。CSSファイルを編集して変化をもたらしましょう。

ボタンにカーソルを合わせても変化しません。

解答例を確認しよう

実装中にわからないことがあれば、Chapter8の「サイトの投稿と問題解決（P.333）」を参考にまずは自分で解決を試みてください。その時間が力になるはずです！問題が解けたら解答例を確認しましょう。

練習問題ファイル：chapter5/10-practice-answer

背景がグラデーションカラーになり、斜めのラインになっています。

ボタンにカーソルを合わせると色がふんわりと変化します。

COLUMN

—

グラデーションカラーのアイデアWebサイト

グラデーションの配色に迷ったら、素敵なグラデーションカラーを紹介しているWebサイトをのぞいてみましょう。自分では思いつかなかったような美しい色合いに出会えるかもしれません。

● uiGradients

画面いっぱいに広がるグラデーションカラーが印象的。左右の矢印アイコンをクリックしたら他の色が表示されます。また、左上の「Show all gradients」をクリックすれば色の一覧が表示され、右上の「< >」アイコンをクリックすると「Copy CSS code」が表示されてCSSコードをコピーすることができます。

https://uigradients.com/

● Gradient Hunt

グラデーションカラーが一覧になっていて、見ているだけでウキウキしてしまいます。画面上部「Popular」から人気の配色が閲覧できます。また、サムネイル画像にカーソルを合わせると「COPY GRADIENT CODE」と出てくるので、クリックしてCSSコードのコピーも可能です。

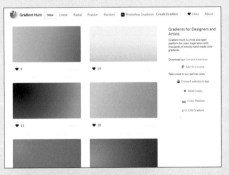

https://gradienthunt.com/

5-11
CHAPTER

カスタマイズしよう

本章ではインパクトのある特設ページを作成したい時に使える技を紹介しました。このイベントサイトをカスタマイズしてみましょう。

● このWebサイトのカスタマイズポイント

　本章のデモサイトではグラデーションやアニメーションをふんだんに使って印象的なデザインになっています。

　配色はもちろん、斜めのラインの使い方、アニメーションにいたるまで、アイデアによって見せ方がグッと変わるはずです。カスタムプロパティを使ったコードの管理方法も試してみるといいでしょう。

● お題

- 20代をメインターゲットにした音楽フェスの告知サイト。ビビッドな色で元気な印象にしたい。チケット購入につなげたい。
- 20代後半の女性をメインターゲットにしたブライダルフェアの告知サイト。白とピンクをメインに使った可愛らしく華やかな印象にしたい。
- 定年退職した夫婦をメインターゲットにした京都の旅行会社の特設サイト。期間限定のツアーを告知したい。和の雰囲気、柔らかな印象にしたい。

● みんなに見てもらおう

　せっかく素敵にカスタマイズしたなら、誰かに見てもらいたいですよね！「#WCBカスタマイズチャレンジ」というハッシュタグをつけてTwitterでツイートしてください！作成したWebページをサーバーにアップロードして公開してもよいですし、各ページのスクリーンショット画像を添付するだけでもOK！楽しみにしています！

動画と画像の使い方

—

自身の作品をまとめたポートフォリオサイトを作成した
いと思った方もいるでしょう。本章ではポートフォリオ
サイトとしても使えるギャラリーサイトを作成しつつ、
画像や動画をより魅力的に映し出すための工夫や、
JavaScript を使ったアニメーションといった表現方法
を学びます。

CHAPTER

06

6-1
CHAPTER

作成するギャラリーサイトの紹介

写真やイラストなど、画像を多数掲載するのがギャラリーサイトです。ここでは画像や動画の配置からアニメーションなどを加えてより効果的に画像を掲載する方法を紹介します。

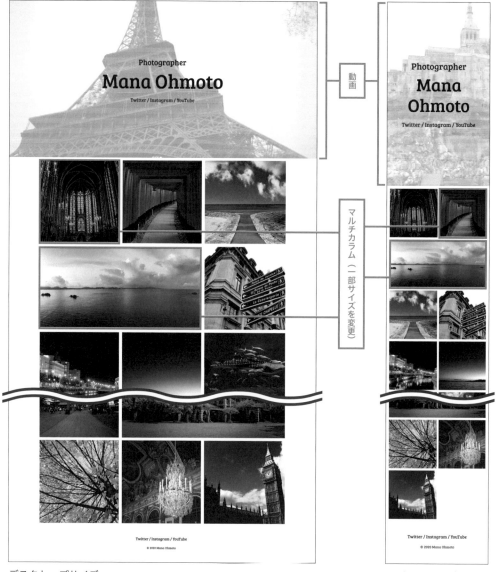

デスクトップサイズ

モバイルサイズ

背景に動画を設置

　ファーストビューには大きな面積で動画と、その上にテキストを配置します。テキストの読みやすさを考慮して動画の上にストライプ模様を重ねています。

ストライプ模様

一番目につく場所に大きく動画を配置し、「見せる」Webサイトにしています。動画は3つの場面が切り替わっていきます。

マルチカラムのレイアウト

　CSSグリッドを使って画像を配置します。画像によって面積を変えることで、白黒で単調になりがちな画面にリズムをつけています。

横長の画像を大きく表示

■ フィルターで画像の
色を変える

画像にカーソルを合わせる
と白黒だった画像がカラーに
なって表示されます。CSSフィ
ルターを使って画像の色を操
作しましょう。

ページ読み込み時は白黒の画
像が表示します。

画像にカーソルを合わせると
カラーで表示します。

■ ホバーで画像拡大
さらにシャドウをつける

画像にマウスカーソルを合わ
せると画像が浮き出たように拡
大されます。

またシャドウがつけられてお
り立体的に見えます。

アニメーションとともにふんわりと表示されます。画像の背景に
はシャドウが入ります。

■ ライトボックスで
画像を大きく表示

ライトボックスとは、JavaScript
を使っている画像をクリックす
ると画面いっぱいに大きく表示
する効果のことです。複雑な
コードを書かなくても設置でき
ます。

全画面を覆うように画像が現れます。

> 背景は暗くなる

スクロールに合わせてアニメーションを加える

JavaScriptを使って、スクロールに合わせて画像を順にふわっと表示していくアニメーションを追加しましょう。

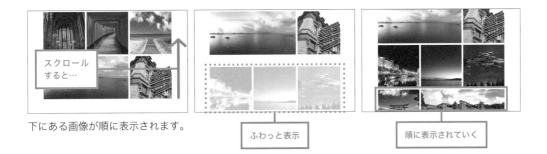

下にある画像が順に表示されます。

ふわっと表示

順に表示されていく

ダークモードに対応させる

OS側でダークモードに設定された場合は、Webサイトの色を反転させ、背景色を黒、文字色を白に切り替えます。

暗い場所でも見やすいようにデザインを工夫しましょう

フォルダー構成

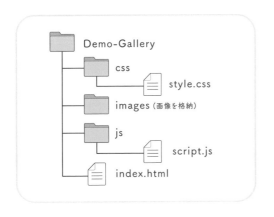

6-2
CHAPTER

背景に動画を設置する

サイトの雰囲気やサービスの具体的な内容を背景に動画として流すことで、ユーザーの視点をスクリーンに注目させることができます。

基本的な実装方法

動画を設置するには`<video>`タグを使用します。src属性で動画ファイルを指定し、「autoplay」で自動再生、「loop」で繰り返し再生します。muted属性は音声をオフにする指定で、これを含めないと自動再生しないブラウザーもあるので注意しましょう。

CSSでは指定したサイズで表示されるよう、「object-fit: cover;」でサイズからはみ出した部分をトリミングする指定をしました。

＊デモサイトでは透明度の指定にカスタムプロパティを使っているので、「var(--video-opacity)」には値「.5」が設定されています。カスタムプロパティについてはP.202を参照してください。

HTML chapter6/Demo-Gallery/index.html

```html
<header>
    <video src="images/photo-movie.mp4" autoplay loop muted>
</header>
```

> header部分に`<video>`タグで動画を挿入

CSS chapter6/Demo-Gallery/css/style.css

```css
header video {
    object-fit: cover;
    object-position: center top;
    opacity: var(--video-opacity);
    width: 100vw;
    height: 90vh;
}
```

> 動画をトリミングするために「object-fit:cover」を指定

サイト上部に動画が表示されました。

動画に文字を重ねる

HTMLで動画の上に`<div class="header-text">`で囲んだテキスト部分を追加します❶。CSSでは親要素となる「header」に「position: relative;」を指定して基準の範囲とし❷、重ね合わせるテキスト部分に「position: absolute;」で動画の上に表示されるよう設定しました❸。

📄 chapter6/Demo-Gallery/index.html

```
<header>
    <div class="header-text">
        <p class="header-title">Photographer</p>
        <h1 class="header-name">Mana Ohmoto</h1>
        <p class="header-link">
            <a href="https://twitter.com/">Twitter</a> /
            <a href="https://www.instagram.com/">Instagram</a> /
            <a href="https://www.youtube.com/">YouTube</a>
        </p>
    </div>
    <video src="images/photo-movie.mp4" autoplay loop muted>
</header>
```

テキスト部分を「header-text」クラスの`<div>`タグで囲む ❶

📄 chapter6/Demo-Gallery/css/style.css

```
header {
    position: relative;                    ❷
    margin-bottom: .5rem;
}
.header-text {
    position: absolute;                    ❸
    top: 0;
    display: flex;
    flex-direction: column;
    justify-content: center;
    align-items: center;
    text-align: center;
}
header video {
    object-fit: cover;
    object-position: center top;
    opacity: var(--video-opacity);
}
.header-text,
header video {
    width: 100vw;
    height: 90vh;
}
```

動画を背景にテキストを表示できました。

絶対位置の基準となる`<header>`タグに「position:relative;」を、重ね合わせるテキスト部分に「position: absolute;」を指定している

画質が粗くてもオシャレに見せる

このままだと少し文字が読みづらい印象があります。また、動画ファイルの容量を軽くするため画質を落としているので、あまりきれいな印象ではありません。

画質が荒くてもオシャレに見せる技として、ストライプ柄を組み合わせて表示しましょう。HTMLでは動画の上に空の\<div\>タグを用意し❶、CSSの「repeating-linear-gradient」を使って白と透明を繰り返し表示するストライプ柄を設定します❷。これで粗い画像もオシャレに見せることができます。なお、今のままですとテキストの上にストライプ柄が表示されてしまうので、テキスト部分に「z-index: 2;」を加えてより上の階層に表示されるよう設定します❸。

＊デモサイトでは透明度の指定にカスタムプロパティを使っているので、「var(--bg)」には値「#fff」が設定されています。カスタムプロパティについてはP.202を参照してください。

📄 chapter6/Demo-Gallery/index.html

```html
<header>
    <div class="header-text">
        <p class="header-title">Photographer</p>
        <h1 class="header-name">Mana Ohmoto</h1>
        <p class="header-link">
            <a href="https://twitter.com/">Twitter</a> /
            <a href="https://www.instagram.com/">Instagram</a> /
            <a href="https://www.youtube.com/">YouTube</a>
        </p>
    </div>
    <div class="header-pattern"></div> <!-- ← 追加 -->
    <video src="images/photo-movie.mp4" autoplay loop muted>
</header>
```

> videoタグの上に空の\<div\>タグを追加 ❶

📄 chapter6/Demo-Gallery/css/style.css

```css
.header-text {
    position: absolute;
    top: 0;
    display: flex;
    flex-direction: column;
    justify-content: center;
    align-items: center;
    z-index: 2; /* ← 追加 */
    text-align: center;
}
.header-pattern {
    position: absolute;
    z-index: 1;
    background-size: auto auto;
    background-image: repeating-linear-gradient(0deg, transparent, transparent 2px, var(--bg) 2px, var(--bg) 4px );
```

> 「.header-pattern」にグラデーションでストライプ柄を作成。テキスト部分が上に表示されるように「z-index」で指示を加える ❸ ❷

```
}
.header-text,
.header-pattern, /* ← 追加 */
header video {
    width: 100vw;
    height: 90vh;
}
```

❷

ストライプ柄が入った

粗い画質が目立たなくなり、かつテキスト
が読みやすくなりました。

代替画像を準備する

　動画表示に対応していないブラウザーや、なんらかの理由で動画が表示されない事態に備え
て、代わりに表示する静止画像を用意しておくとよいでしょう。代替の画像は<video>タグに
poster属性を加えて画像ファイルを指定します。動画の読み込みに時間がかかってしまう場合
も、動画が読み込まれるまでの間、この画像が表示されます。

🗎 chapter6/Demo-Gallery/index.html

```
<video src="images/photo-movie.mp4" poster="images/hero.jpg" autoplay loop muted>
```

<video>タグにposter属性で静止画像を加える

YouTube動画を背景にする

動画ファイルではなくYouTubeの動画を背景にすることも可能です。ただし通常の埋め込み方法だと再生ボタンをクリックしないと動画が自動再生されないので、src属性で指定するYouTubeのURLにパラメーターと呼ばれる機能の指定を少し加えて、背景に適した表示方法にする必要があります。

ここでは「https://www.youtube.com/watch?v=JiJZDlpJXvc」の動画を背景に設定してみましょう。

📄 YouTube 動画を使用する際の記述例

```
<iframe class="youtube" src="https://www.youtube.com/embed/YouTube動画のID?autoplay=1
&mute=1&controls=0&loop=1&playlist=YouTube動画のID&origin=動画を掲載するWebサイトのURL"
frameborder="0"></iframe>
```

それぞれ以下のような設定にしています。

パラメーター	意味	値
YouTube動画のID	YouTube動画の個別ID	YouTube動画ページのURLの中で「v=」の後に続くランダムの英数字
autoplay	自動再生するかどうか	0…自動再生しない（初期値） 1…自動再生する
controls	動画プレーヤーのコントロールを表示するかどうか	0…非表示 1…表示（初期値）
loop	動画を繰り返し表示するかどうか	0…繰り返さない（初期値） 1…繰り返す
playlist	指定した動画の後に再生する動画のID（同一動画を繰り返し表示するなら、「loop」パラメーターと一緒に記述）	YouTube動画ページのURLの中で「v=」の後に続くランダムの英数字
origin	動画を掲載するWebサイトのURL。セキュリティ強化のため必要	WebサイトのURL
mute	ミュートするかどうか	0…ミュートしない（初期値） 1…ミュートする

その他のパラメーターについては公式サイト（ https://developers.google.com/youtube/player_parameters ）をご確認ください。このパラメーターを足して、HTMLファイルには次のように記述します。

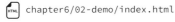 chapter6/02-demo/index.html ▶デモファイル chapter6/02-demo

```html
<div class="content">
    <h1>Learning.</h1>
    <iframe class="youtube" src="https://www.youtube.com/embed/JiJZDlpJXvc?auto
play=1&mute=1&controls=0&loop=1&playlist=JiJZDlpJXvc&origin=http://example.com"
frameborder="0"></iframe>
mute=1
</div>
```

CSS chapter6/02-demo/style.css

```css
.content {
    position: relative;
}
h1 {
    font-family: sans-serif;
    font-size: 10rem;
    font-weight: bold;
    color: #fff;
    position: absolute;
    top: 34vh;
    left: 0;
    right: 0;
    text-align: center;
    z-index: 2;
}
.youtube {
    width: 100vw;
    height: 100vh;
    position: absolute;
    top: 0;
    z-index: 1;
}
```

CSSではpositionプロパティで要素を重ねています。

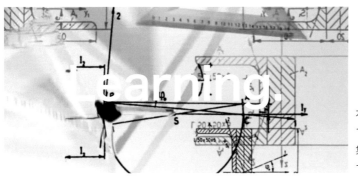

本格的な動画編集アプリがなくても、YouTube上で簡単な編集ができるので取り入れやすいです。

6-3
CHAPTER

画像をレスポンシブに対応させる

画面の小さなモバイルデバイスで大きなサイズの画像を表示させようとすると、どうしても読み込みに時間がかかってしまいます。そこで画面解像度に合わせて読み込む画像を振り分けましょう。

基本的な実装方法　▶デモファイル　chapter6/03-demo

　画像を表示させる<img>タグにレスポンシブ画像用の属性を追加して対応させます。HTMLのみでレスポンシブに対応した画像の指定が可能です。

src属性

　src属性は通常の画像を表示させるときにも使います。レスポンシブ画像を設定するときも、この記述が必須です。

　レスポンシブ画像に対応していないブラウザーで閲覧した場合、src属性で指定した画像がデフォルトとして表示されます。

srcset属性

　サイズの異なる画像を条件によって切り替えるための属性です。

　表示する画像の候補を複数指定すれば、ブラウザーが環境に合わせて最適なものを自動で表示してくれます。ブラウザーが読み込む画像は1つだけで、表示しない他の画像候補は無駄に読み込みません。これにより、読み込み時間を短縮することができます。

　記述の仕方は画像のファイルパスの後に半角スペースを挟んで画像の横幅を指定します。横幅の単位は「px」ではなく「w」です。例えば画像の横幅が「400px」の場合は「400w」と記述します。表示したい画像の幅ではなく、画像本来の大きさである点に注意してください。

📄 記述例

```
<img src="デフォルト画像のパス"
    srcset="画像Aのファイルパス 画像Aの横幅 (w) ,
            画像Bのファイルパス 画像Bの横幅 (w) ,
            画像Cのファイルパス 画像Cの横幅 (w) "
    alt="デモ画像">
```

srcset属性の
指定の仕方

sizes属性

　sizes属性は画像を表示する幅を指定します。srcset属性がある場合のみ記述可能です。sizes属性がなくても画像は表示されますが、特定のサイズを指定したい場合はこちらに記述しましょう。この属性の値にメディアクエリーを利用することも可能です。例えば画面幅が800px以上の場合は画像の幅を800pxに、それ以外（800px未満）で幅いっぱいに広げたい場合（100vw）は「sizes="(min-width: 800px) 800px, 100vw"」と、「,（カンマ）」で区切って指定しましょう。

`HTML` chapter6/03-demo/index.html

```
<img src="800.png"
    srcset="400.png 400w,
            800.png 800w,
            1200.png 1200w"
    sizes="(min-width: 800px) 800px, 100vw"    ────── sizes属性の指定の仕方
    alt="デモ画像">
```

400px

800px

1200px

400pxのときは400.
pngを読み込みます。

800pxのときは800.
pngを読み込みます。

1200pxのときは1200.pngを読み込みますが、
表示幅は800pxです。

デモサイトを見てみよう

　デモサイトでは1つの画像で400pxと800pxの2つのサイズをサムネイル画像として指定しています。画像のサイズは親要素のサイズをベースとするので、ここではsizes属性を記述していません。ただ、同じ画像のサイズ違いだと、見た目はほとんど変わらないので本当に指定したサイズで表示されているのかわかりづらいです。そこでデベロッパーツールを使って確認してみましょう。次ページから本章のデモサイトで確認します。

`HTML` chapter6/Demo-Gallery/index.html

```
<img class="grid-item"
    src="images/img1-400.jpg"
    srcset="images/img1-400.jpg 400w,     ────── srcset属性で2種類
            images/img1-800.jpg 800w"              の画像を指定
    alt="Sainte Chapelle">
```

デベロッパーツールで確認する方法

本章のデモサイトをブラウザーで開きます。ブラウザーの画面上で右クリック→検証でChromeのデベロッパーツールを表示し、現在見えている画像のファイル名を確認しましょう。なお、デベロッパーツールの詳しい使い方はP.039を参照してください。

キャッシュを無効化する

各ブラウザーには**キャッシュ**という最初に読み込んだ画像を記憶して表示する機能があります。そのためレスポンシブ画像を設定したのにうまく表示されない場合もあります。

まずはデベロッパーツールの「Network」タブにある「Disable cache」にチェックを入れておきましょう。これを行うとデベロッパーツールを開いているときはキャッシュを無効にしてくれます。表示確認の際は利用するとよいでしょう。

チェックを入れた状態で画面幅を変えたり、ページを再度読み込んだりして、確認を行いましょう。

今表示している画像のファイル名を確認する

「Disable cache」のチェックを入れ、キャッシュを無効化したらページを再度読み込み、ファイル名の確認をしましょう。

まずはデベロッパーツールの画面左上にある、四角と矢印のアイコンをクリックし、検証したい画像をクリックします。

検証したい画像を選択。「Elements」タブで目的の画像のタグに色がついていることを確認します。

そのまま「Console」タブを開いて「$0.currentSrc」と入力します。その場で、return キー（Windowsなら Enter キー）を押すと画面に現在表示している画像のファイル名が表示されます。

「Console」タブでコードを入力すると、ファイル名が表示されます。

COLUMN

—

背景動画を実装する際の注意点

▶ コンテンツが多いWebサイトには不向き

　背景動画はあくまで背景に流すものであり、動画が主役ではありません。コンテンツの多いWebサイトでは、効果的に動画を表示するのに十分な余白が確保しにくいため、より高度なデザインスキルが必要とされるでしょう。

▶ 動画の長さ

　動画の長さも大切です。長すぎると最後まで見られない上、ファイル容量も無駄に大きくなってしまいます。

　逆に短かすぎると、常にループしているので、ユーザーは急かされている印象を持ってしまいます。様々なサイトの再生時間を調べたところ、20秒前後が適当な長さではないかと思われます。

▶ 音楽は流さない

　筆者はWebサイトで許可無く音楽を流すのはマナー違反だと考えています。静かな場所で突然音楽が流れてしまったら、驚いてそのWebサイトを閉じてしまうでしょう（そして二度とそのサイトには戻りません）。どうしても音楽も聞いてほしい場合は、ユーザー自ら音楽をONにできるスピーカーアイコンをわかりやすい場所に設置するとよいでしょう。

▶ 可能な限りファイルを軽く

　読み込みの遅いWebサイトは、すべてを表示する前にユーザーに離脱されてしまう可能性が高くなります。動画、特にクオリティの高いものはどうしてもファイル容量が大きくなってしまいます。なるべく1MB以下、理想は500KBを目指してファイル容量を軽減する努力を行いましょう。

6-4

CHAPTER

マルチカラムでレイアウトを作る①

画像を整列させ、マルチカラムで表示するレイアウトを作ります。「**CSSグリッド**」を使えば少ないコードで画像をタイル型に並べられます。

■ CSSグリッドの設定

タイル型に並べるように親要素である「grid」クラスに対して「display: grid;」を指定します❶。これで「この部分の中身をCSSグリッドで表示する」という宣言になります。この部分の幅は「94vw」とし❷、左右の「margin」を「auto」とすることで、画面の左右に「3vw」ずつ余白を与え、画面中央に表示させます❸。

gapプロパティでは画像間の余白を指定できます。ここでは「2vw」としました❹。

📄 chapter6/Demo-Gallery/index.html

```html
<main class="grid">
    <a href="images/img1-1600.jpg" data-aos="fade-up">
        <img class="grid-item"
            src="images/img1-400.jpg"
            srcset="images/img1-400.jpg 400w,
                    images/img1-800.jpg 800w"
            alt="Sainte Chapelle">
    </a>
    <a href="images/img2-1600.jpg" data-aos="fade-up">
        <img class="grid-item"
            src="images/img2-400.jpg"
            srcset="images/img2-400.jpg 400w,
                    images/img2-800.jpg 800w"
            alt="Fushimi Inari Shrine">
    </a>
    （・・・コンテンツ内容省略・・・）
</main>
```

> 画像を \<grid\> クラスを指定した \<main\> タグで囲む

余白が付与されていますが、まだタイル型に並んでいません。

📄 chapter6/Demo-Gallery/css/style.css

```css
.grid {
    display: grid;          ❶
    width: 94vw;            ❷
    margin: 0 auto 3vw;     ❸
    gap: 2vw;               ❹
}
```

> gridで中の要素をグリッドレイアウトで作成する

続いて子要素のサイズを指定して、タイル状に並べていきましょう。

横のサイズには「grid-template-columns」を、縦のサイズには「grid-template-rows」を利用します。指定する数値は通常の「width」や「height」を指定する時と同様です。「px」で具体的な数値、「%」で割合の指定、「auto」でコンテンツ幅に合わせた指定ができます。

また、CSSグリッドでは「fr」という単位が使用できます。「fr」は fraction（比率）のことで、親要素から見た子要素の大きさを具体的な数値ではなく割合で表現できます。

「grid-template-columns」「grid-template-rows」のどちらのプロパティも、必要な子要素の数だけスペースで区切って指定する必要があります。例えば今回の例だと、モバイルサイズでは横に2つのボックスが並ぶので、「grid-template-columns: 46vw 46vw;」❶、縦は最終的に8段にする予定なので、「grid-template-rows: 46vw 46vw 46vw 46vw 46vw 46vw 46vw 46vw;」と指定しておきます❷。

📄 chapter6/Demo-Gallery/css/style.css

```
.grid {
    width: 94vw;
    margin: 0 auto 3rem;
    display: grid;
    gap: 2vw;
    grid-template-columns: 46vw 46vw;                    ❶
    grid-template-rows: 46vw 46vw 46vw 46vw 46vw 46vw 46vw 46vw;   ❷
}
```

画像部分の縦と横のサイズを指定

46vwが8個ある

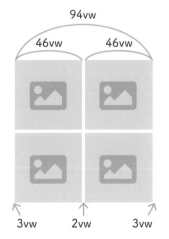

94vw
46vw 46vw
3vw 2vw 3vw

この「46vw」という数字は親要素の幅（94vw）から余白（2vw）を引いた数字を2で割ったものです。縦の幅にも同じく「46vw」を指定することで、正方形で表示させます。

画像の表示調整をしていないのでサイズが不揃いですが、デベロッパーツールで確認するときちんと正方形のグリッドが設定されています。

値を繰り返すrepeat関数

「grid-template-rows: 46vw 46vw 46vw 46vw 46vw 46vw 46vw 46vw;」のように何度も同じ値を指定するのはどうにも面倒です。そこで同じ値を繰り返し指定するときは「**repeat関数**」を使うとスッキリとまとめられます。

書き方は「repeat(繰り返す数, 値)」です。例えば「grid-template-rows: repeat(8, 46vw);」を指定すると、「46vw」を8回繰り返すという意味になります。

📄 chapter6/Demo-Gallery/css/style.css

```css
.grid {
    width: 94vw;
    margin: 0 auto 3rem;
    display: grid;
    gap: 2vw;
    grid-template-columns: repeat(2, 46vw);
    grid-template-rows: repeat(8, 46vw);
}
```

> 「grid-template-columns」と「grid-template-rows」の値をrepeat関数でまとめている

指定した内容は同じですが、圧倒的に短く読みやすいコードになりました。

画像を正方形に切り抜く

画像がグリッドの枠に収まるよう調整しましょう。幅と高さはそれぞれ100%にして、枠いっぱいに広がるよう指定します❶。

それだけだと画像の比率がおかしいので、「object-fit: cover;」で正方形の枠からはみ出した部分をトリミングします❷。「object-position: center;」で画像の中央が表示されるよう設定しました❸。

📄 chapter6/Demo-Gallery/css/style.css

```css
.grid-item {
    width: 100%;            ❶
    height: 100%;
    object-fit: cover;       ❷
    object-position: center; ❸
    filter: grayscale(100%);
}
```

正方形の画像がきれいに並びました。

デスクトップサイズの表示調整

デスクトップサイズでは全体の幅や余白、画像を表示する枠のサイズを調整しています。それぞれの枠は「26vw」としました。

デスクトップサイズでは一列に3つずつ画像を掲載する

CSS chapter6/Demo-Gallery/css/style.css

```
/*
DESKTOP SIZE
========================================== */
@media (min-width: 600px) {
/* Grid */
    .grid {
        width: 80vw;
        gap: 1vw;
        grid-template-columns: repeat(3, 26vw); /* (80 - 2) / 3 */
        grid-template-rows: repeat(5, 26vw);
    }
}
```

デスクトップサイズでは全体の幅を80vwとし、「grid-template-columns」ではそこから余白分の2vwを引いた幅を、1列に表示する画像数の3で割った数値で指定

カスタマイズ例：メディアクエリーを使わずレスポンシブに対応させる

本章のデモサイトではモバイルサイズで横2つずつ、デスクトップサイズで横3つずつと、決まった数で並べたかったため、メディアクエリーを使って表示する数を指定しました。

もし1列に表示する数やサイズを画面幅に合わせて可変させるなら、「minmax」と「auto-fit」を組み合わせるとよいでしょう。

値に「minmax」を使うと要素の幅に最小値や最大値を指定できます。書き方は「minmax(最小値, 最大値)」です。

例えばグリッドの1つひとつの枠の幅を「grid-template-columns」で指定するとき、最小値まで達すると枠はそれ以上縮まらなくなります。ここでは「minmax(240px, 1fr)」と指定して、要素の幅が240pxよりは小さくならず、画面の幅に合わせて伸縮するようにします❶。

画面幅に合わせて1列に表示する要素の数を変えたいので、repeat関数で繰り返す数を指定していた箇所も変更する必要があります❷。画面の幅に合わせて要素を折り返す場合は、repeat関数で指定した繰り返しの数値の部分を「auto-fit」に置き換えて使用しましょう❸。

「auto-fit」を使えば要素を折り返しながら親要素の余ったスペースを埋めていきます。これでどのデバイスで見ても、見やすさを保ちながらタイル状の表示になります。

🗎 HTML chapter6/04-demo/index.html　　▶デモファイル　chapter6/04-demo

```html
<div class="grid">
    <img src="images/img1.jpg" alt="Sainte Chapelle">
    <img src="images/img2.jpg" alt="Fushimi Inari Shrine">
    <img src="images/img3.jpg" alt="The Ocean in Okinawa">
    <img src="images/img4.jpg" alt="Rainbow Colored Ocean">
    <img src="images/img5.jpg" alt="Île de la Cité">
    （・・・コンテンツ内容省略・・・）
</div>
```

🗎 CSS chapter6/04-demo/style.css

```css
.grid {
    display: grid;
    gap: 1rem;
    grid-template-columns: repeat(auto-fit, minmax(240px, 1fr));
}
img {
    width: 100%;
    height: 240px;
    object-fit: cover;
}
```

❷ ❸ ❶

モバイルサイズ

タブレットサイズ

デスクトップサイズ

—

動画素材を用意する

　ご自身で動画を用意するのが難しいときは、配布されている動画素材を使うのもよいでしょう。以下のWebサイトはどれも高解像度の動画を無料で配布しています。商用利用も可能ですが、利用の際は念のためライセンスの確認をしましょう。

ISO Republic

食事中やパソコンを利用している場面など、生活感のある動画も多数あります。

https://isorepublic.com/videos/

Coverr

テクノロジー、食事、人、動物、空中を撮影した動画など、多くのカテゴリーに分けられています。

https://coverr.co/

Pixabay

動画の一覧画面では動画の長さが表示されるので、目的の長さに合わせて選びやすいです。

https://pixabay.com/videos/

Mixkit

ゆったりとした大自然の風景をメインに配布しています。見るだけで癒される動画が見つかります。

https://mixkit.co/free-stock-video/

6-5
CHAPTER

マルチカラムでレイアウトを作る②

すべての要素を同じ大きさで並べるのではなく、目立たせたい要素のみ大きく表示しましょう。ここでは一部の画像枠をサイズ変更し2つの画像の横幅分として広く取って表示させます。

大きいサイズとなる要素を指定する

まずはサイズを変更したい2つの要素、ここではa要素に対し、新たに「grid-big-top」と「grid-big-bottom」のクラスを追加します。

📄 chapter6/Demo-Gallery/index.html

```html
<main class="grid">
    （・・・コンテンツ内容省略・・・）
    <a class="grid-big-top" href="images/img4-1600.jpg" data-aos="fade-up">
        <img class="grid-item"
            src="images/img4-400.jpg"
            srcset="images/img4-400.jpg 400w,
                    images/img4-800.jpg 800w"
            alt="Rainbow Colored Ocean">
    </a>
    （・・・コンテンツ内容省略・・・）
    <a class="grid-big-bottom" href="images/img10-1600.jpg" data-aos="fade-up">
        <img class="grid-item"
            src="images/img10-400.jpg"
            srcset="images/img10-400.jpg 400w,
                    images/img10-800.jpg 800w"
            alt="Nago City Hall">
    </a>
    （・・・コンテンツ内容省略・・・）
</main>
```

> 上部の大きく表示させたい画像部分に「grid-big-top」クラスを付与

> 下部の方には「grid-big-bottom」クラスを付与

次に大きく表示する要素の範囲を指定するのですが、少し特殊な指定方法になるので、右ページの図を見ながら理解していきましょう。

右ページの左下の図にあるように、縦・横に並ぶグリッドラインをベースに範囲を指定します。使用するプロパティは横の範囲を「grid-column」、縦の範囲を「grid-row」で指定します。

1つ目の大きく表示する要素の画像は横の範囲をグリッドラインの1〜3番目を指定するので、「始まりのライン / 終わりのライン」というようにスラッシュで区切って「grid-column: 1/3;」と記述します。

　同様に縦のグリッドラインは2〜3番目を指定するので、grid-rowプロパティを使って「grid-row: 2/3;」と記述します。下の真ん中の図の水色の部分の位置を指定できます。

　もう1つの大きいサイズの要素は下へスクロールしていった右下の図の水色の部分です。こちらは横のグリッドラインが1〜3番目を指定、縦のグリッドラインは6〜7番目を指定します。

CSS chapter6/Demo-Gallery/css/style.css

```
.grid-big-top {
    grid-column: 1/3;
    grid-row: 2/3;
}
```

上部画像の表示指定

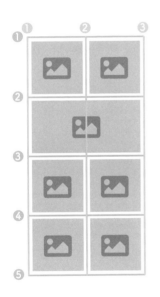

一番上、一番左端を1と数え始めます。

表示する要素の位置をグリッドラインを見ながら把握しましょう。

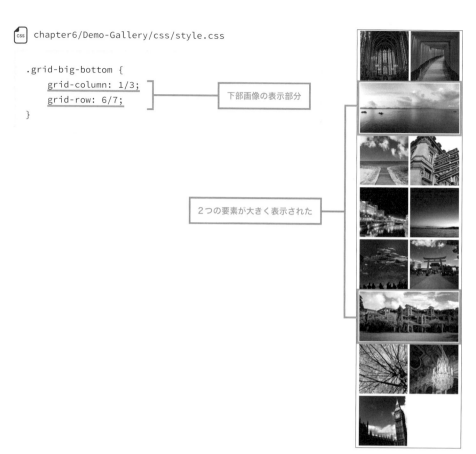

```
chapter6/Demo-Gallery/css/style.css
```

```css
.grid-big-bottom {
    grid-column: 1/3;
    grid-row: 6/7;
}
```

下部画像の表示部分

2つの要素が大きく表示された

デスクトップサイズに対応させる

　デスクトップサイズでは2つ目の大きいサイズの要素の位置が変わるので、メディアクエリーの中に同じ要領で「grid-column」と「grid-row」の値を指定します。これでデスクトップサイズで見てもタイル型に収まります。

```
chapter6/Demo-Gallery/css/style.css
```

```css
/*
DESKTOP SIZE
================================================ */
@media (min-width: 600px) {
    .grid-big-bottom {
        grid-column: 2/4;
        grid-row: 4/5;
    }
}
```

下部画像を右下にずらす

右側の位置で大きく表示されている

—

CSSグリッドのコードを手軽に生成するWebサイト

　CSSグリッドを使えば自由なレイアウト設計が可能ですが、一方で事前にしっかりと構成を考えておく必要があります。そこで複雑なレイアウトの場合は「CSS Grid Generator」というWebサイトを使うと楽にコーディングが進められます。

　このWebサイトではまず右側の入力欄からカラム数や行数、余白の値を入力します。するとそれに合わせたグリッドが自動的に表示されるので、1つひとつの枠をドラッグして選択しましょう。

　レイアウトが完成したら右側の「Please may I have some code」をクリックするとCSSのコードが表示されます。

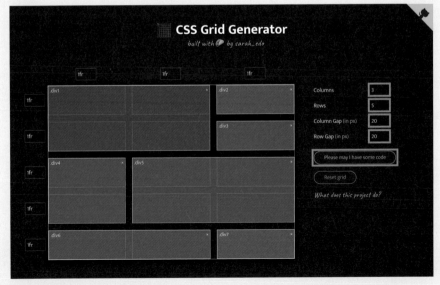

https://cssgrid-generator.netlify.app/

6-6
CHAPTER

フィルターで画像の色を変える

画像の色相や明度、彩度の調整には通常 Photoshop などのグラフィックツールを使用します。しかし、CSS のフィルターを使えば、たった1行追加するだけで簡単な画像の加工が可能です。

画像を白黒で表示する

デモサイトでは一覧表示している画像を白黒で表示し、カーソルを合わせるとカラーに変化させています。これは白黒とカラーの画像を用意しているのではなく、1つの画像の色をフィルターで変化させています。

基本的な実装方法は、用意した画像に対して filter プロパティと、フィルターの種類、そしてフィルターを適用させる度合いを指定します。

デモサイトでは img 要素に対し「grid-item」というクラスを付与しているので、このクラスに対して「filter」を指定します。画像を白黒にする「grayscale」を100%とすることで、完全に色味のない白黒画像になりました。

📄 記述例

```css
img {
    filter: フィルターの種類(適用させる度合い);
}
```

📄 chapter6/Demo-Gallery/index.html

```html
<img class="grid-item"
    src="images/img1-400.jpg"
    srcset="images/img1-400.jpg 400w,
            images/img1-800.jpg 800w"
    alt="Sainte Chapelle">
```

> grid-item クラスにフィルターを指定する

📄 chapter6/Demo-Gallery/css/style.css

```css
.grid-item {
    width: 100%;
    height: 100%;
    object-fit: cover;
    object-position: center;
    filter: grayscale(100%);
}
```

> filter プロパティで「grayscale」の度合いを指定

フィルターが適用され、すべての色味がなくなり、白黒の画像になりました。

マウスカーソルを合わせるとカラーにする

白黒を指定した画像をカラーに戻したいときは、「grayscale」の値を0にすればOKです❶。また色がパッと切り替わるのではなく、ふんわりとアニメーションを加えたいので、「transition: .3s;」も指定しています❷。

📄 chapter6/Demo-Gallery/css/style.css

```
/*
DESKTOP SIZE
========================================
======= */
@media (min-width: 600px) {
    .grid-item {
        transition: .3s;          ❷
    }
    .grid-item:hover {
        filter: grayscale(0);     ❶
    }
}
```

hoverに「filter: grayscale(0);」を加えてカーソルを合わせた時に色を変える

カーソルを合わせると0.3秒かけふんわりと色味を帯びていきます。

フィルターの一覧

フィルターには「.grayscale」以外にも多くの種類が用意されています。値を少し変えるだけで豊かな表現が可能です。

次のページからは様々なフィルターを紹介します。右のサラダの元画像がフィルターを使うとどのように変化していくのか、CSSのコードの記述はどうすればよいのか、それぞれのデモファイルと共に見ていきましょう。

フィルターをかけていない元画像。

🖼️ blur | ぼかし

▶ デモファイル chapter6/06-demo1

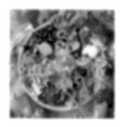 

filter: blur(3px);　　filter: blur(10px);

```
img {
    filter: blur(3px);
}
```

　画像をぼかし、画像の四隅は色をにじませて表示させます。値は「%」ではなく「px」で指定する点に注意しましょう。

🖼️ brightness | 明度

▶ デモファイル chapter6/06-demo2

filter: brightness(50%);　filter: brightness(150%);

```
img {
    filter: brightness(150%);
}
```

　画像の明るさを調整します。100%だとオリジナルの画像の明るさです。値を0にすると画像が真っ黒に、逆に100%以上の値を指定すると、オリジナルの画像よりも明るくなります。

🖼️ contrast | コントラスト

▶ デモファイル chapter6/06-demo3

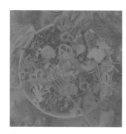 

filter: contrast(20%);　filter: contrast(200%);

```
img {
    filter: contrast(20%);
}
```

　画像のコントラストを調整します。明度と同じく、100%がオリジナルの画像の度合いです。0に近づくほど灰色がかり、0になると完全に灰色のみとなります。

　逆に100%以上の値を指定すると、オリジナル画像よりもくっきりとコントラストのついた画像になります。

🖼️ drop-shadow | 影

▶ デモファイル chapter6/06-demo4

filter: drop-shadow
(5px 10px 3px #856845);

filter: drop-shadow
(0 0 10px rgba(0,0,0,.6));

```
img {
    filter: drop-shadow(5px 10px 3px #856845);
}
```

　画像に影をつけます。値は「横方向の影の位置　縦方向の影の位置　影のぼかし半径　影の色」をスペースで区切って指定します。影の色は初期値では黒（#000）となっているので、何も記入しなければ黒い影が表示されます。

🖼️ grayscale | 白黒

▶ デモファイル chapter6/06-demo5

filter: grayscale(60%);

filter: grayscale(100%);

```
img {
    filter: grayscale(60%);
}
```

　画像を白黒にします。0がオリジナル画像の状態で、100%にすると完全に色味がなくなり、白黒の画像になります。

🖼️ hue-rotate | 色相

▶ デモファイル chapter6/06-demo6

filter: hue-rotate
(30deg);

filter: hue-rotate
(180deg);

```
img {
    filter: hue-rotate(30deg);
}
```

　画像の色を色相環に基づき回転させます。値の単位は角度を表す「deg」です。0や360degだとオリジナル画像の色に、180degだと色が反転します。

invert | 階調

▶ デモファイル chapter6/06-demo7

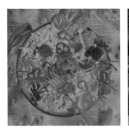 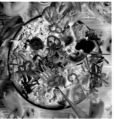

filter: invert(70%);　　filter: invert(100%);

```
img {
    filter: invert(100%);
}
```

　画像の色の階調を反転します。0でオリジナル画像の状態、100%で完全に反転します。「ネガ」と呼ばれる状態です。値を50%にすると灰色になります。

---

opacity | 不透明度

▶ デモファイル chapter6/06-demo8

filter: opacity(20%);　　filter: opacity(50%);

```
img {
    filter: opacity(20%);
}
```

　画像の不透明度を調整します。100%でオリジナル画像と同じく不透明に、0で完全に透明になります。opacityプロパティと同じ効果ですが、ブラウザーによってはよりよいパフォーマンスが期待できます。

---

saturate | 彩度

▶ デモファイル chapter6/06-demo9

filter: saturate(30%);　　filter: saturate(150%);

```
img {
    filter: saturate(30%);
}
```

　画像の彩度を調整します。100%でオリジナル画像と同じ彩度で、値を0にすると彩度がなくなり無彩色（白黒）となります。100%を超える値ではオリジナル画像よりも鮮やかな色合いになります。

▧ sepia ｜ セピア

デモファイル　chapter6/06-demo10

filter: sepia(70%);　　filter: sepia(100%);

```
img {
    filter: sepia(100%);
}
```

　画像を古い写真のような茶色がかったセピア調に変更します。値は0でオリジナル画像と同じ色合い、100%で完全にセピア調となります。

複数のフィルターを指定する

デモファイル　chapter6/06-demo11

　同じ画像に複数のフィルターを適用することも可能です。「filter: フィルター1 フィルター2 フィルター3;」というように、フィルターごとに半角スペースで区切って指定します。

　ただし、色合いを変更するフィルターを複数指定した場合は、後に記述したものが適用されるので、フィルターの種類や記述順には注意が必要です。

📄 chapter6/03-demo11/style.css

```
img {
    filter: grayscale(50%) drop-shadow(3px 3px 5px rgba(0,0,0,.8));
}
```

白黒と影のフィルターを適用した記述例

filter: grayscale(50%) drop-shadow(3px 3px 5px rgba(0,0,0,.8));
白黒と影をつけるフィルターならどちらも適用されます。このように複数のフィルターを適用することも可能です。

filter: grayscale(100%) sepia(100%);
白黒とセピアのフィルターを指定した場合、後から記述したセピアが適用されます。

CHAPTER 6-6　フィルターで画像の色を変える　❙　275

カーソルを合わせると画像を拡大する

transformプロパティを使うと、要素の伸縮や移動、回転、傾斜の4つの変形を加えられます。アニメーションと合わせて利用することで、より効果的に画面に動きをつけられます。

scale関数で要素を拡大する

transformプロパティの値にscale関数を使って要素の伸縮の指定ができます。

本章のデモサイトでは画像に「grid-item」というクラスを付与し、デスクトップサイズで画像にカーソルを合わせたときに画像を1.1倍に拡大しています。拡大や縮小の倍率は括弧の中に記述しましょう。

CSS 記述例

```
セレクター {
    transform: scale(伸縮の倍率);
}
```

HTML chapter6/Demo-Gallery/index.html

```
<img class="grid-item"
    src="images/img1-400.jpg"
    srcset="images/img1-400.jpg 400w,
            images/img1-800.jpg 800w"
    alt="Sainte Chapelle">
```

画像の「grid-item」クラス部分に指定する

CSS chapter6/Demo-Gallery/css/style.css

```
/*
DESKTOP SIZE
============================================= */
@media (min-width: 600px) {
    .grid-item {
        transition: .3s;
    }
    .grid-item:hover {
        filter: grayscale(0);
        transform: scale(1.1);
    }
}
```

:hover時にのみ「transform」を指定する

Webサイトにある画像の通常の表示。ここにカーソルを合わせます。

拡大しました。「transition」を合わせて指定することで、ふんわりとした動きもつけられます。

重なりの調整

上記のようにうまく拡大できましたが、よく見ると拡大した画像の端が他の画像の下に埋もれてしまっている部分があります。これを解消するために位置を指定する「position: relative;」と、要素の重なりを指定する「z-index: 3;」を追記します。

なお、下のCSSの指定で「z-index」の値が3なのは、すでにページトップの動画部分で1と2を指定しているので、それより大きい数字を指定して動画よりも上に表示したいからです。

📄 chapter6/Demo-Gallery/css/style.css

```css
/*
DESKTOP SIZE
================================= */
@media (min-width: 600px) {
    .grid-item {
        transition: .3s;
    }
    .grid-item:hover {
        filter: grayscale(0);
        transform: scale(1.1);
        z-index: 3;
        position: relative;
    }
}
```

hover時に「position: relative」と「z-index:3」を追加

他の要素に埋もれず、カーソルを合わせた画像が一番上に表示されるようになりました。

縦と横の伸縮を変える場合　▶ デモファイル　chapter6/07-demo1

本章のデモサイトでは縦も横も同じ比率で拡大しましたが、それぞれ別の値を加えることも可能です。横方向の伸縮には「scaleX」を、縦方向の伸縮には「scaleY」で指定できます。

また、scale関数の括弧内の値を「,（カンマ）」で区切ると（横方向の伸縮, 縦方向の伸縮）のように、2方向の値を指定できます。

デモファイルでは変化がわかりやすいように「transition」と組み合わせて指定しました。カーソルを合わせた時に画像が変化します。

📄 chapter6/07-demo1/style.css

```css
img {
    width: 300px;
    height: 300px;
    transition: transform .5s;
}

.transform1:hover {
    transform: scaleX(1.5);     ❶
}
.transform2:hover {
    transform: scaleY(.5);      ❷
}
.transform3:hover {
    transform: scale(1.5, .5);  ❸
}
```

❶ transform: scaleX(1.5);

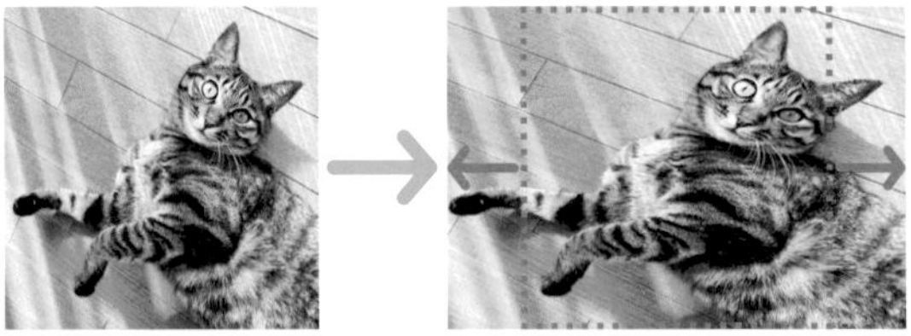

横に伸びた

❷ transform: scaleY(.5);

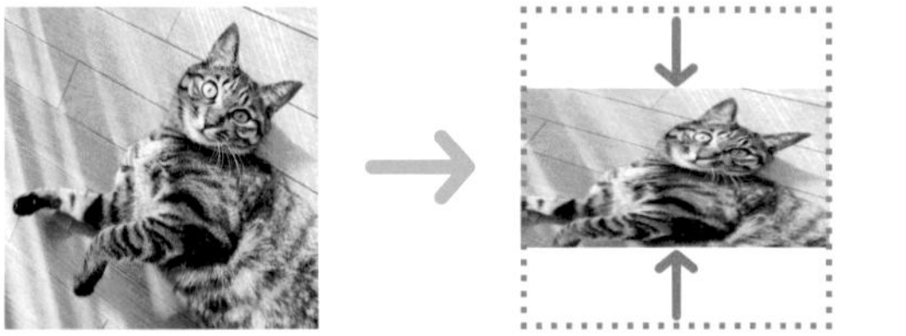

縦に縮んだ

❸ transform: scale(1.5, .5);

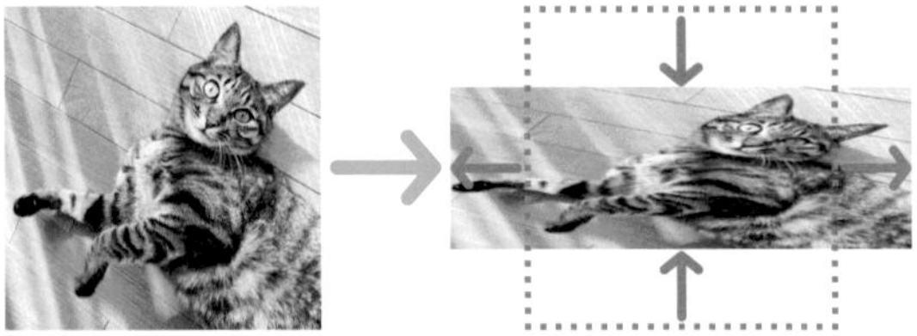

横に伸びて縦に縮んだ

「transform」で指定できる変形の種類

「transform」ではscale関数と同じ記述方法で、違う変形を加えることも可能です。拡大・縮小以外の変形も見てみましょう。

移動 - translate ▶ デモファイル chapter6/07-demo2

translate関数で要素の位置を移動できます。括弧内の数値には単位をつけて記述しましょう。「translateX」で横方向の移動、「translateY」で縦方向の移動ができます。「translate」のみだと「,（カンマ）」で区切って「translate(横方向の位置, 縦方向の位置)」と記述できます。

css chapter6/07-demo2/style.css

```css
img {
    width: 300px;
    height: 300px;
    transition: transform .5s;
}

.transform1:hover {
    transform: translateX(150px);
}                                    ❶
.transform2:hover {
    transform: translateY(50px);
}                                    ❷
.transform3:hover {
    transform: translate(150px, 50px);
}                                    ❸
```

❶ transform: translateX(150px);

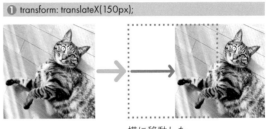

横に移動した

❷ transform: translateY(50px);

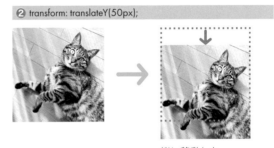

縦に移動した

❸ transform: translate(150px, 50px);

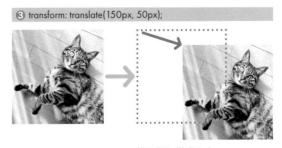

横と縦に移動した

回転 - rotate ▶デモファイル chapter6/07-demo3

rotate関数で要素を回転します。

「rotate」のみだと円を描くようにくるっと回転し、「rotateX」は横方向に、「rotateY」は縦方向に回転します。

指定する値の単位は「度」を意味する「deg」が一般的ですが、他にも「rad」、「grad」、「turn」も利用できます。

📄 chapter6/07-demo3/style.css

```css
img {
    width: 300px;
    height: 300px;
    transition: transform .5s;
}

.transform1:hover {
    transform: rotate(180deg);
}                            ❶
.transform2:hover {
    transform: rotateX(180deg);
}                            ❷
.transform3:hover {
    transform: rotateY(180deg);
}                            ❸
```

❶ transform: rotate(180deg);

回転した

❷ transform: rotateX(180deg);

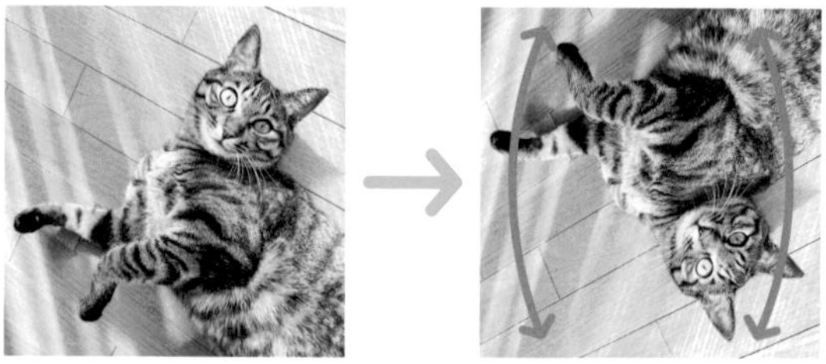

横軸を基点に回転した

❸ transform: rotateY(180deg);

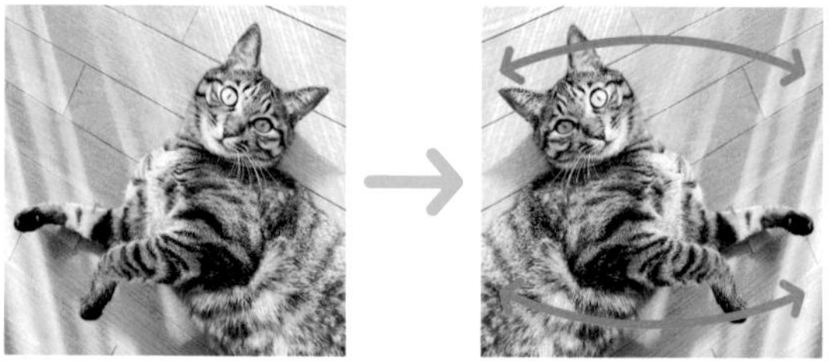

縦軸を基点に回転した

傾斜 - skew

▶ デモファイル chapter6/07-demo4

skew関数で要素を斜めに傾けます。

「skewX」で横向きの傾斜、「skewY」で縦向きの傾斜、「skew」では「,（カンマ）」で区切って「skew(横向きの傾斜角度, 縦向きの傾斜角度)」と指定できます。単位は「deg」の他、「rad」、「grad」、「turn」が利用できます。

CSS chapter6/07-demo4/style.css

```css
img {
    width: 300px;
    height: 300px;
    transition: transform .5s;
}

.transform1:hover {
    transform: skewX(10deg);
}                           ❶
.transform2:hover {
    transform: skewY(10deg);
}                           ❷
.transform3:hover {
    transform: skew(20deg, 10deg);
}                           ❸
```

❶ transform: skewX(10deg);

横向きに傾斜した

❷ transform: skewY(10deg);

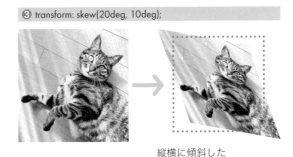

縦向きに傾斜した

❸ transform: skew(20deg, 10deg);

縦横に傾斜した

変形する基点を設定する「transform-origin」 ▶ デモファイル chapter6/07-demo5

「transform」では初期値では要素の中心を基点に変形を加えます。この基点は「transform-origin」を使って自由に設定できます。値には数値の他、「top」「right」「bottom」「left」「center」といったキーワードも指定可能です。書き方は以下の通りです。

📄 記述例

```css
セレクター {
    transform-origin: X軸の基点の位置 Y軸の基点の位置;
}
```

例として、要素を回転させる「rotate」と組み合わせて見てみましょう。

記述の注意点としては、カーソルを合わせた時に変形させたい場合、「transform-origin」を「:hover」時ではなく通常表示の時の要素に指定します。そうしないとカーソルを合わせた瞬間に基点が移動し、動作がガタついて見えてしまいます。

📄 chapter6/07-demo5/style.css

```css
.transform1{
    transform-origin: left top;
}
.transform1:hover {
    transform: rotate(10deg);
}
```

点線部分が通常時（.transform1）で、左上を基点に10度傾けた様子。左上を基点に回転します。

📄 chapter6/07-demo5/style.css

```css
.transform2 {
    transform-origin: 50px 100px;
}
.transform2:hover {
    transform: rotate(10deg);
}
```

要素の左から50px、上から100pxの位置を基点に回転します。

6-8
CHAPTER

要素に影をつける

要素に加えて画面に立体感を作ることができるのが影です。影は使い方次第で一部を引き立たせたり、コンテンツにリズムを加えられたりします。詳しい使い方を見ていきましょう。

カーソルを合わせると画像に影を加える

要素に影を加えるのはとっても簡単です。基本的には「box-shadow: 横の距離 縦の距離 ぼかしの大きさ 影の色;」の指定でOKです。

色はカラーコードの他、RGBAで透明度の指定もできます。書き方は「rgba(Rの値, Gの値, Bの値, 不透明度)」です。

なお、webページに背景色や背景に画像を使っている場合は、カラーコードで指定するより、不透明度を指定した方が綺麗に背景になじみます。

本章のデモサイトでは「rgba(0, 0, 0, .5)」と指定し、黒い影を半透明にして加えています。

css 記述例

```
セレクター {
    box-shadow: 横の距離 縦の距離 ぼかしの大きさ 影の色;
}
```

HTML chapter6/Demo-Gallery/index.html

```html
<img class="grid-item"
    src="images/img1-400.jpg"
    srcset="images/img1-400.jpg 400w,
            images/img1-800.jpg 800w"
    alt="Sainte Chapelle">
```

> grid-itemクラスの追加した画像にカーソルを合わせた時に影をつける指定

css chapter6/Demo-Gallery/css/style.css

```css
/*
DESKTOP SIZE
============================================= */
@media (min-width: 600px) {
    .grid-item {
        transition: .3s;
    }
    .grid-item:hover {
        filter: grayscale(0);
        box-shadow: 0 0 2rem rgba(0, 0, 0, .5);
        transform: scale(1.1);
        z-index: 3;
        position: relative;
    }
}
```

> 画像の真下にぼかし強度2remの半透明の黒い影をつける

カーソルを合わせると画像のまわりに
ふんわりとした影が出ます。

カスタマイズ例：内側の影   ▶ デモファイル   chapter6/08-demo1

「box-shadow」の値に「inset」を加えると、要素の内側に影を加えられます。浮き上がらせるのではなく、ポコンとへこませた表現が可能になります。

📄 css chapter6/08-demo1/style.css

```css
div {
    background: #0bd;
    width: 400px;
    height: 400px;
    border-radius: 16px;
    box-shadow: 8px 8px 24px rgb(2, 90, 102, .6) inset;
}
```

要素の内側に左上からのびる影
を加えました。

box-shadowとフィルターのdrop-shadowの違い   ▶ デモファイル   chapter6/08-demo2

P.273で紹介したフィルターでも影を加えられました。「filter: drop-shadow();」と「box-shadow」で加える影の見た目はほとんど変わりません。

ではこれらのプロパティの違いは何なのでしょうか？　一番の違いは、SVGやPNG形式の画像を使ったときの影の位置です。「box-shadow」では要素のまわりに影が加えられますが、「filter: drop-shadow();」では画像の中にあるイラストなどの物体自体に影ができます。

また、一部のブラウザーでは「filter: drop-shadow();」の方がより良いパフォーマンスを期待できると言われています。

[CSS] chapter6/08-demo2/style.css

```css
.boxshadow {
    box-shadow: 2px 2px 8px #666;
}
.dropshadow {
    filter: drop-shadow(2px 2px 8px #666);
}
```
❶
❷

❶「box-shadow」はimg
要素のまわりに影がつき
ます。イラストそのもの
には影がつきません。

❷「filter: drop-shadow();」
では画像内の透過部分は
無視し、イラストそのも
のに影がつきます。

影を取り入れる際の注意点

デザインする時に気をつけたいポイントをしっかりおさえて、効果的に影を取り入れましょう。

多用しない

　目立たせたい画像や動画等の要素にのみシャドウを加えることで、他のコンテンツと差別化で
きます。影を加えるなら全体のバランスが大切です。影は「ここぞ！」という時に使いましょう。

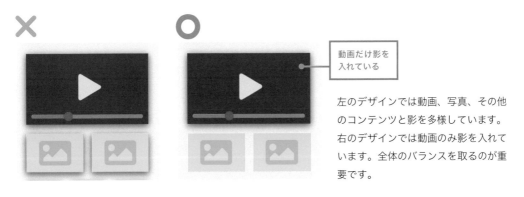

動画だけ影を
入れている

左のデザインでは動画、写真、その他
のコンテンツと影を多様しています。
右のデザインでは動画のみ影を入れて
います。全体のバランスを取るのが重
要です。

充分に余白を取る

　影を加えると、どうしても要素の周りが暗くなってしまうので、密度の多いデザインでは画面
全体が暗く沈んで見えてしまいます。たっぷりと余白を取った上で、影が重なり合わないように
使うのがポイントです。

左のデザインでは余白が少なく、影を入れると窮屈そうに見えます。

右のデザインでは上下に余白を入れてあり、影を入れてもスッキリと見えます。

COLUMN

—

box-shadowのCSSコードを生成できるWebサイト

距離やぼかしはプレビューを見ながらの方がイメージに近い影を実装しやすいです。画面を操作して影を作り、CSSのコードを生成できるサービスを活用しましょう。

css generator

画面左側のレンジスライダーをドラッグして距離やぼかし、影の広がりを設定できます。下の方にある「Get Code」ボタンを押すとコードが表示されます。

https://css-generator.net/box-shadow/

Neumorphism.io

「ニューモーフィズム」と呼ばれるデザインが注目を集めています。「box-shadow」の値を「,」で区切って複数の値を設定すれば実現できるのですが、指定が複雑になってきます。このWebサイトを使ってラクしてしまいましょう。

https://neumorphism.io/

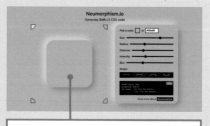

ニューモーフィズムはふんわりとした影にハイライトをプラスして立体感を作った表現

6-9
CHAPTER

ライトボックスで画面いっぱいに表示する

ライトボックスとはJavaScriptを使用した画像表示機能の1つです。小さいサムネイル画像をクリックすると黒い半透明の背景色が画面を覆い、その上に拡大画像を表示させます。この機能を画像一覧部分に実装しましょう。

01 拡大させる画像をリンク先に指定する

　画像を画面上に大きく表示するので、一覧表示させる画像よりも大きく、高解像度の画像を用意しましょう。今回は横幅1600pxの画像をリンク先に指定しました❶。この後JavaScriptで指定するときに必要になるので、<a>タグに「grid-gallery」というクラスをつけています❷。

📄 chapter6/Demo-Gallery/index.html

```
<a class="grid-gallery" href="images/img1-1600.jpg">                 ❶
    <img class="grid-item"                                          ❷
        src="images/img1-400.jpg"
        srcset="images/img1-400.jpg 400w,
                images/img1-800.jpg 800w"
        alt="Sainte Chapelle">
</a>
```

> リンク先に大きいサイズの画像を用意し、grid-galleryクラスを追加

02 必要なファイルを読み込ませる

luminous.min.js

　ライトボックスを実装するために、「**Luminous**」という既存のJavaScriptファイルを利用しましょう。ファイルはWebサイト（https://github.com/imgix/luminous）からダウンロード可能ですが、ここではすでにWeb上にアップロードされているファイルを使うので、ファイルのURLを記述するだけでOKです。index.htmlファイルの最下部、</body>の直前に読み込ませるためのコードを記述しましょう。

📄 chapter6/Demo-Gallery/index.html

> </body>の上にluminousのファイルを読み込ませる

```
（・・・コンテンツ内容省略・・・）
<!-- JavaScript -->
    <script src="https://cdnjs.cloudflare.com/ajax/libs/luminous-lightbox/2.3.2/luminous.min.js"></script>
```

```
        </body>
    </html>
```

luminous-basic.min.css

続いて「Luminous」のCSSファイルも読み込ませます。CSSファイルは<head>タグ内、独自CSSである「style.css」ファイルよりも上に記述します。

📄 chapter6/Demo-Gallery/index.html

```
<!DOCTYPE html>
<html lang="ja">
    <head>
        <meta charset="utf-8">
        <title>Photographer Mana Ohmoto</title>
        <meta name="description" content="写真家 Mana Ohmoto のポートフォリオWebサイト">
        <link rel="icon" type="image/svg+xml" href="images/favicon.svg">
        <meta name="viewport" content="width=device-width, initial-scale=1">

    <!-- CSS -->
        <link rel="stylesheet" href="https://unpkg.com/destyle.css@1.0.5/destyle.css">
        <link rel="stylesheet" href="https://fonts.googleapis.com/css2?family=Bree+Serif&display=swap">
        <link rel="stylesheet" href="https://cdnjs.cloudflare.com/ajax/libs/luminous-lightbox/2.3.2/luminous-basic.min.css">
        <link rel="stylesheet" href="https://unpkg.com/aos@next/dist/aos.css">
        <link rel="stylesheet" href="css/style.css">
    </head>
```

> <head>タグ内にluminous-basic.min.cssを読み込ませる

script.js

「Luminous」の用意しているファイルを読み込ませるだけでは稼働しません。「どの要素にライトボックスの動きを実装するのか」を、別途JavaScriptファイルを作成して指示する必要があります。

Webサイトのフォルダー内に「js」というフォルダーを作成し、その中に「script.js」ファイルを作成します。script.jsファイルにはgrid-galleryクラスの要素に動きを加えるという指定をしています。

📄 chapter6/Demo-Gallery/js/script.js

> grid-galleryクラスに動作を加える指定をする

```
new LuminousGallery(document.querySelectorAll(".grid-gallery"));
```

あとはそのscript.jsをindex.htmlに読み込ませるだけです。先程記述した「Luminous」ファイルの読み込みの**下に**script.jsファイルを読み込ませましょう。

これで準備完了です！ 画像をクリックすると、大きく拡大されて表示されるようになりました。画面の左右にある矢印アイコンをクリックすると、前後の画像を表示します。

📄 chapter6/Demo-Gallery/index.html

```
（・・・コンテンツ内容省略・・・）
<!-- JavaScript -->
    <script src="https://cdnjs.cloudflare.com/ajax/libs/luminous-lightbox/2.3.2/luminous.min.js"></script>
    <script src="js/script.js"></script>
    </body>
</html>
```

> luminous.min.jsの読み込みの記述の下に、script.jsを読み込ませる

一覧表示している画像をクリックすると、画面全体にスムーズに拡大表示されます。

03　CSSで要素の重なりと画像サイズを調整する

　しかし、よく見ると拡大したときの画像の表示が少しおかしいところがあります。拡大した画像の上にサムネイル画像が乗っていたり、動画部分の縞模様の下に隠れてしまっていたりします。

また、モバイルサイズで見ると画像が拡大されすぎて、画像全体が表示されていません。

そこで、CSSを使って調整します。まず拡大表示した時に最前面に表示されるよう、「z-index」を「4」に指定します❶。他の「z-index」を指定している要素よりも大きい数字を指定しています。

そして画像には「max-width」と「max-height」で最大幅と高さを指定します❷。単位を「vw」や「vh」とすることで、画面のサイズに対する比率の指定ができます。

モバイルサイズでは横長の画像を画面幅いっぱいに表示させると、高さが足りず小さく表示されてしまいます。そのため拡大表示したときは、高さを一定に保ったまま、横にスライドできるようにしました。

CSS chapter6/Demo-Gallery/css/style.css

```
.lum-lightbox.lum-open {
    z-index: 4;                          ❶
}
.lum-lightbox-inner img {
    max-width: 120vw;
    max-height: 80vh;                    ❷
}
```

画像を拡大表示するためのクラス「.lum-open」にz-index:4を指定した

画像に最大サイズを指定した

モバイルサイズの見え方

デスクトップサイズの見え方

　さらに拡大された画像がなんの画像なのかわかるように、script.jsのコードを少し変えて画像の下にタイトルを表示させましょう。

　先程記述した「new LuminousGallery(document.querySelectorAll(".grid-gallery"));」をコメントアウトで消し、代わりに以下のコードを加えます。

　「caption」から始まるオプションが加えられているのがわかります。これは「grid-galleryクラスの中にあるimg要素のalt属性のテキストをキャプションとして表示してね」という指定です。これでindex.html内に書いてあるalt属性に記述した内容が、画像の下に表示されるようになります。

📄 chapter6/Demo-Gallery/js/script.js

```
//new LuminousGallery(document.querySelectorAll(".grid-gallery"));
new LuminousGallery(document.querySelectorAll('.grid-gallery'), {}, {
  caption: function(trigger) {
    return trigger.querySelector('img').getAttribute('alt');
  }
});
```

コメントアウトした

コードを
加えた

画像の下にテキストが追加されました。

6-10
CHAPTER

アニメーションを加える

画面をスクロールして要素が表示領域内に入った地点でアニメーションとともに画像を表示させます。JavaScriptで実装していきます。ここでは「AOS」というJavaScriptファイルを利用します。

01 必要なファイルを読み込ませる（「aos.js」、「aos.css」の利用）

「**AOS**」のファイルはWebサイト（https://michalsnik.github.io/aos/）からダウンロード可能ですが、ここではすでにWeb上にアップロードされているファイルを使うので、ファイルのURLを記述します。index.htmlファイルの最下部、</body>の前、実行を指示する「script.js」ファイルよりも**上に**読み込ませます。

🗎 chapter6/Demo-Gallery/index.html

```html
    <!-- JavaScript -->
        <script src="https://cdnjs.cloudflare.com/ajax/libs/luminous-lightbox/2.3.2/
luminous.min.js"></script>
        <script src="https://unpkg.com/aos@next/dist/aos.js"></script>
        <script src="js/script.js"></script>
    </body>
</html>
```

> script.jsの読み込みより上にaos.jsを読み込ませる

続いて「AOS」のCSSファイルも読み込ませます。CSSファイルは<head>タグ内、独自CSSである「style.css」ファイルよりも上に記述します。

🗎 chapter6/Demo-Gallery/index.html

```html
<!DOCTYPE html>
<html lang="ja">
    <head>
        <meta charset="utf-8">
        <title>Photographer Mana Ohmoto</title>
        <meta name="description" content="写真家 Mana Ohmoto のポートフォリオWebサイト">
        <link rel="icon" type="image/svg+xml" href="images/favicon.svg">
        <meta name="viewport" content="width=device-width, initial-scale=1">

        <!-- CSS -->
        <link rel="stylesheet" href="https://unpkg.com/destyle.css@1.0.5/destyle.css">
        <link rel="stylesheet" href="https://fonts.googleapis.com/css2?family=Bree+Serif&display=swap">
        <link rel="stylesheet" href="https://cdnjs.cloudflare.com/ajax/libs/luminous-
```

```
lightbox/2.3.2/luminous-basic.min.css">
        <link rel="stylesheet" href="https://unpkg.com/aos@next/dist/aos.css">
        <link rel="stylesheet" href="css/style.css">
    </head>
```

<head>タグ内、独自CSSファイルの読み込みの上にaos.cssを読み込ませる

02 アニメーションを実行させる

script.jsファイルに「AOSでアニメーションを加えてね」という指示をします。とても短いこの1行を記述するだけでOKです。

chapter6/Demo-Gallery/js/script.js

```
AOS.init();
```

実行するための1行

03 アニメーションの種類を指示

あとはindex.htmlファイル内の、アニメーションを加えたい要素の開始タグにdata-aos属性でアニメーションの種類を記述します。本章のデモサイトでは`<a>`タグに追加し

記述例

`<タグ名 data-aos="アニメーションの種類">`

ました。これでスクロールすると「fade-up」のアニメーションが加えられ、下からふわっと順に表示されるようになります。

chapter6/Demo-Gallery/index.html

```
<a class="grid-gallery" href="images/img1-1600.jpg" data-aos="fade-up">
    <img class="grid-item"
        src="images/img1-400.jpg"
        srcset="images/img1-400.jpg 400w,
                images/img1-800.jpg 800w"
        alt="Sainte Chapelle">
</a>
```

<a>タグにdata-aos属性でアニメーションの種類を加える

スクロールして表示領域に達した要素から順に表示されます。

アニメーションの種類

アニメーションの種類は豊富に用意されています。デザインに合うものを指定しましょう。

● **フェード**…ふわっとしたアニメーションが作れる

● fade	● fade-left	● fade-up-left
● fade-up	● fade-right	● fade-down-right
● fade-down	● fade-up-right	● fade-down-left

● **フリップ**…回転するアニメーションが作れる

● flip-up	● flip-down	● flip-left	● flip-right

● **スライド**…スライドするアニメーションが作れる

● slide-up	● slide-down	● slide-left	● slide-right

● **ズーム**…ズームするアニメーションが作れる

● zoom-in	● zoom-in-left	● zoom-out-up	● zoom-out-right
● zoom-in-up	● zoom-in-right	● zoom-out-down	
● zoom-in-down	● zoom-out	● zoom-out-left	

オプションの指定　▶ デモファイル chapter6/10-demo1

アニメーションが実行されるまでの待ち時間や速度などを個別に指定できます。アニメーションの種類とともに、必要な属性と値を記述するだけなので簡単です。

例えば一度に要素を表示するのではなく、1つずつ表示を遅らせるなら「data-aos-delay」を使って少しずつ遅延させます。

📄 chapter6/10-demo1/index.html

```
<img src="images/img1-800.jpg" data-aos="flip-left" alt="Sainte Chapelle">
<img src="images/img2-800.jpg" data-aos="flip-left" data-aos-delay="200" alt="Fushimi Inari Shrine">
<img src="images/img3-800.jpg" data-aos="flip-left" data-aos-delay="400" alt="The Ocean in Okinawa">
<img src="images/img4-800.jpg" data-aos="flip-left" data-aos-delay="600" alt="Rainbow Colored Ocean">
<img src="images/img5-800.jpg" data-aos="flip-left" data-aos-delay="800" alt="Île de la Cité">
<img src="images/img6-800.jpg" data-aos="flip-left" data-aos-delay="1000" alt="Night View in Otaru">
```

左上の要素から順に200ミリ秒（0.2秒）ずつ遅延させて表示されます。

オプションの種類

属性	意味	指定できる値	初期値
data-aos-offset	アニメーションを開始するスクロール位置	数値（px）	120
data-aos-duration	1回分のアニメーションの実行にかかる所要時間	数値（ミリ秒）	400
data-aos-easing	アニメーションの速度やタイミング	linear、ease、ease-in、ease-out、ease-in-out、ease-in-back、ease-out-back、ease-in-out-back、ease-in-sine、ease-out-sine、ease-in-out-sine、ease-in-quad、ease-out-quad、ease-in-out-quad、ease-in-cubic、ease-out-cubic、ease-in-out-cubic、ease-in-quart、ease-out-quart、ease-in-out-quart	ease
data-aos-delay	アニメーションが始まるまでの待ち時間	数値（ミリ秒）	0
data-aos-anchor	アニメーションを実行させる位置を別の要素に指定	セレクターを指定	null
data-aos-anchor-placement	要素のどの位置までスクロールしたらアニメーションを実行させるか	top-bottom、top-center、top-top、center-bottom、center-center、center-top、bottom-bottom、bottom-center、bottom-top	top-bottom
data-aos-once	アニメーションを1度だけ実行するかどうか	true…一度だけ、false…スクロールのたびに実行	false

他にも多くのオプションが用意されています。どのような動作になるのか確認し、実装するとよいでしょう。

すべての要素にオプションを一括指定　　▶デモファイル　chapter6/10-demo2

　オプションの指定はHTMLのタグに属性として個別に指定できますが、すべて同じオプションにしたいときはJavaScriptにまとめて指定するとよいでしょう。

　JavaScriptファイルの「AOS.init({」と「});」の間にオプションの指定をします。書き方は上記オプション属性から「data-aos-」を除いたものと、値を記述します。例えばアニメーションの実行にかかる所要時間を少し遅らせる場合は「duration: 1000」と指定します。これでデフォルトと比べてゆっくりとアニメーションが実行されます。

JS chapter6/10-demo2/js/script.js

```
AOS.init({
    duration: 1000
});
```

6-11
CHAPTER

ダークモードに対応させる

スマートフォンの普及で暗い場所でも画面を見る機会が増え、夜間目に優しいダークモードが増えてきています。Webサイトをダークモードに対応し、配色を変更してみましょう。

ダークモードで見てみよう

ダークモードとは画面の背景を黒基調にしたデザインのことです。OS側で設定できる他、夜になると自動的にダークモードに切り替えられるものもあります。まずはダークモードとはどんなものなのか、実際に見てみましょう。

Mac

macOS Mojave以降でダークモードを使えます。

Appleメニュー →「システム環境設定」→「一般」をクリックして、パネルの上部にある「外観モード」のオプションを「ダーク」にするとダークモードになります。なお、「自動」にすると日中はライトモード、夜間はダークモードに自動的に切り替わります。

Windows

Windows 10 May 2019以降でダークモードを使えます。

デスクトップの何もない部分を右クリックし、「個人用設定」→「色」をクリックし、「既定のアプリモードを選択します」の欄で「黒」を選びましょう。

以上でMacとWindows、おのおの対応しているアプリやWebサイトの配色が変わります。

通常モード

ダークモード

CSSでWebサイトをダークモードに対応させる

パソコンの設定でダークモードに切り替わった時に、Webサイトも暗い配色に変わるよう設定します。特別なファイルは必要ありません。CSSファイルで「prefers-color-scheme」というメディア特性を利用し、その中にダークモード時に適用したいCSSを書くだけです。

これでOS側でダークモードに設定した際、記述したスタイルが適用されてダークモードに設定できます。ダークモードのときに表示したいスタイルを「@media (prefers-color-scheme: dark) {」と「}」の間に書いていきましょう。

 記述例

```
@media (prefers-color-scheme: dark) {
  body {
    background-color: #000;
    color: #fff;
  }
}
```

カスタムプロパティを使ってより管理しやすくする

ダークモードにしたいスタイルをズラズラと書いていくと、かなりの行数になりそうです。そんなときに使えるのが**カスタムプロパティ**[※]です。通常モードとダークモードに切り替えたい色をカスタムプロパティとして登録しておくと、さらに記述が楽になります。

本章のデモサイトでは文字色を「--text」、背景色を「--bg」、そして動画を背景色になじませるための不透明度を「--video-opacity」と指定しました。

通常時には背景が白、文字が濃い灰色ですが、ダークモードだと背景が黒、文字が薄い灰色で表示されます。個別に指定していくよりも、一括で変更されるので記述が少なくて済みます。

※カスタムプロパティについてはP.202を参照してください。

CSS chapter6/Demo-Gallery/css/style.css

```css
:root {
    --text: #333;
    --bg: #fff;
    --video-opacity: .5;
}
@media (prefers-color-scheme: dark) {
    :root {
        --text: #ddd;
        --bg: #000;
        --video-opacity: .7;
    }
}

body {
    color: var(--text);
    background: var(--bg);
    font-family: 'Bree Serif', sans-serif;
}
```

> ダークモード用のメディアクエリー内にカスタムプロパティの値を指定して管理しやすくする

通常モードの表示。背景が白く見えます。

ダークモードの表示。背景が黒く見えます。

ふんわりアニメーションとともに切り替える

このままだとOSの設定で配色モードを切り替えたときにパッと画面の色が変わるので「transition: .5s;」を加えてふんわり色が変わるよう設定するとよりよいでしょう。数値はアニメーションの長さなので、自由に変更してください。

CSS chapter6/Demo-Gallery/css/style.css

```css
body {
    color: var(--text);
    background: var(--bg);
    font-family: 'Bree Serif', sans-serif;
    transition: .5s;
}
```

> ページ全体にかかることなので、<body>タグに指定している

急に画面の色が切り替わった時のチラつきが軽減されます。

ダークモードの配色例

よく利用されているOSやアプリ、Webサイトの配色を見てみましょう。黒をベースに色をほとんど使わないのが特徴的です。色を設定する時の参考にしてみてください。

iOS

背景色	サブ背景色	文字色
#000000	#1C1C1E	#FFFFFF

サブ文字色	メインカラー	サブカラー
#808080	#0A84FF	#30D158

Twitter

ブラック

背景色	サブ背景色	文字色
#000000	#15181C	#D9D9D9

サブ文字色	メインカラー
#6E767D	#1DA1F2

ダークブルー

背景色	サブ背景色	文字色
#15202B	#192734	#FFFFFF

サブ文字色	メインカラー
#8899A6	#1DA1F2

https://twitter.com/

Facebookメッセンジャー

背景色	サブ背景色	文字色
#000000	#333333	#FFFFFF

サブ文字色	メインカラー
#8B8B8B	#19A3FE

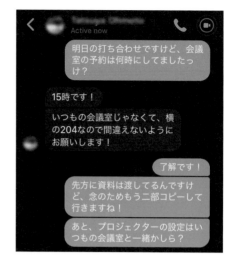

YouTube

背景色	サブ背景色	文字色
#1F1F1F	#282828	#FFFFFF

サブ文字色	メインカラー	サブカラー
#AAAAAA	#FF0000	#3EA6FF

https://www.youtube.com/

Chrome

背景色	サブ背景色	文字色
#202124	#292A2D	#E8EAED

サブ文字色	メインカラー
#9AA0A6	#8AB4F8

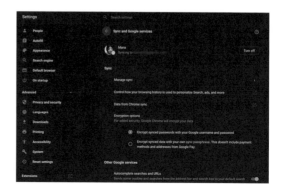

macOS

背景色	サブ背景色
#414039	#3C3D34

文字色	メインカラー
#E8E8E8	#2F7CF6

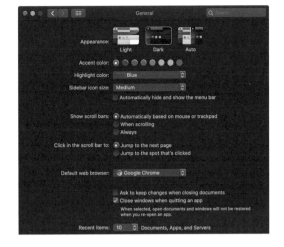

Windows

背景色	サブ背景色	文字色
#000000	#1F1F1F	#FFFFFF

サブ文字色	メインカラー
#797979	#0078D7

＊各色の意味
- 背景色 ············· 画面全体の背景色
- サブ背景色 ········ 各要素に使われている背景色
- メインカラー ······ もっとも目立つ色として利用されている色
- サブカラー ········ メインカラーに次いで目立たせている色

6-12

CHAPTER

練習問題

本章で学んだことを実際に活用できるようにするため、手を動かして学べる練習問題をご用意いたしました。練習問題用に用意されたベースファイルを修正して、以下の装飾を実装してください。

1 通常時は画像をセピアに、画像にカーソルを合わせるとカラーで表示させる

2 画像にカーソルを合わせると、画像を右に 10°傾ける

3 画像をクリックするとライトボックスで同一ページ内に大きく表示し、画像の下に alt 属性で指定したテキストを表示させる

ベースファイルを確認しよう

 練習問題ファイル：chapter6/12-practice-base

ライトボックス用の CSS や JavaScript ファイルはすでに読み込ませています。「script.js」を変更してライトボックスを実装しましょう。

みんなの好きな動物

クリック

カーソルを合わせても変化はありません。

画像をクリックすると別ページに移動し、大きい画像として表示されます。

解答例を確認しよう

 練習問題ファイル：chapter6/12-practice-answer

実装中にわからないことがあれば、Chapter8の「サイトの投稿と問題解決（P.333）」を参考にまずは自分で解決を試みてください。その時間が力になるはずです！ 問題が解けたら解答例を確認しましょう。

みんなの好きな動物

画像がセピアになっています。

みんなの好きな動物

画像にカーソルを合わせると斜めに傾き、カラーで表示されます。

マウスカーソルを合わせる

画像をクリックするとライトボックスで同一ページ内に大きい画像が表示され、テキストが画像の下に表示されます。

6-13
CHAPTER

カスタマイズしよう

本章ではアニメーションを加えてダイナミックに「見せる」Webサイトの作り方を紹介しました。動きによってさまざまな見せ方ができるので、カスタマイズしがいがあります！

このWebサイトのカスタマイズポイント

「grid」を使ったレイアウトでは同じサイズの枠を並べたり、デモサイトのように一部サイズを変更して見せることもできます。まずは表示させたい内容に合わせてサイズの枠を考えてみるとよいでしょう。

また、「filter」や「transform」で画像の見せ方を工夫できます。JavaScriptもオプションの値を変えて動きを変えてみてもよいでしょう。

お題

- 20〜30代をターゲットにしたおしゃれな雰囲気のカフェのWebサイト。メニューの写真を一覧で表示したい他、住所や店休日などのお店の情報も掲載したい。
- 30代女性をメインターゲットにしたアクセサリーショップのWebサイト。ベージュと淡い緑を使って優しい雰囲気にしたい。ページ下部にお問い合わせフォームを設置したい。
- みなさんの趣味を紹介するWebサイト。なんでもOKです！ 動画や写真を使う他、「その趣味にハマるポイント」の紹介文も掲載してください。

みんなに見てもらおう

せっかく素敵にカスタマイズしたなら、誰かに見てもらいたいですよね！「#WCBカスタマイズチャレンジ」というハッシュタグをつけてTwitterでツイートしてください！作成したWebページをサーバーにアップロードして公開してもよいですし、各ページのスクリーンショット画像を添付するだけでもOK！楽しみにしています！

HTML や CSS を
より早く、より上手に管理できる方法
—

HTML と CSS の基礎が身に付いたら、それらをいかに
効率よく、かつミスを少なく作業できるかを考えていき
ましょう。本章では Emmet や calc 関数、Sass など
の基本を学びます。

7-1

CHAPTER

Emmetを使って素早くコーディングする

HTMLやCSSの記述に慣れてきたら、次は作業の効率化を考える段階です。Emmetという便利な機能を使ってミスを少なくし、かつコーディングのスピードを上げていきましょう。

■ Emmetとは

Emmet と は、HTMLやCSSのコードの入力をサポートしてくれるエディター用の拡張機能です。Emmetを使えばコードを省略して記述できるので、コーディングの効率化に繋がります。

例えば「margin-bottom: 100px;」と書くところを「mb100」と書いて tab キーを押すだけでコードの入力が済みます。入力する文字数も少なくなりとても便利です。

Emmet公式サイト…https://emmet.io/

■ Emmetが標準搭載されているテキストエディター

以下のテキストエディターではEmmetが最初から搭載されているので、特に設定をしなくてもすぐに使い始められます。とくに **Visual Studio Code** は Mac・Windows で無料で使えるソフトです。本章では主にVisual Studio Codeを使って解説しています。

● Visual Studio Code … https://azure.microsoft.com/ja-jp/products/visual-studio-code/
● Adobe Dreamweaver … https://www.adobe.com/jp/products/dreamweaver.html

■ 拡張機能を使ってEmmetを追加できるエディター

以下のテキストエディターはEmmetが標準搭載されていませんが、Emmetが標準搭載されていなくても、拡張機能を追加すれば利用できるようになります。利用方法は各公式サイトをご確認ください。

● Atom … https://atom.io/
● Sublime Text … https://www.sublimetext.com/

EmmetでHTMLを記述する方法

　HTMLファイルを開き、省略記法で記述した後にショートカットキーである tab キーを使ってコードを「展開」します。

＊ショートカットキーはテキストエディターによって異なる場合があるので、各テキストエディターの公式サイトをご確認ください。

タグを入力する

　まずは簡単なものから試してみましょう。HTMLでタグを書くとき、その都度「<」や「>」を書くのは手間です。Emmetではタグの名前を書いて tab キーを押すだけでOKです。

 入力時

```
p
```

 tab キーを押す

HTML 展開後

```
<p></p>
```

このように展開されます。簡単です！

クラスのついたタグを入力する

　タグにクラスを付与したい場合は、タグ名の後に「.（ピリオド）」を加え、続けてクラス名を記述します。

 入力時

```
p.text
```

HTML 展開後

```
<p class="text"></p>
```

IDのついたタグを入力する

　クラスではなくIDを付与したいときは、「.（ピリオド）」の代わりに「#（ハッシュ）」を使って入力します。

HTML 入力時

```
p#text
```

HTML 展開後

```
<p id="text"></p>
```

入れ子になったタグを入力する

要素の親子関係はタグ名を「>」で区切って入力します。

 入力時

```
ul>li
```

 展開後

```
<ul>
    <li></li>
</ul>
```

複数のタグを入力する

同じタグを複数入力したい場合は「*（アスタリスク）」に続けて繰り返したい数字を入力して展開します。

 入力時

```
p*3
```

 展開後

```
<p></p>
<p></p>
<p></p>
```

組み合わせるとさらに短縮できる

これらの省略記法を組み合わせると、ほんの少しの入力で複数行のコードを入力できます。

例えば「menu」というクラス名のついた<ul>タグの中に<li>タグが3つ、さらにその中に<a>タグがある場合は右の書き方になります。

 入力時

```
ul.menu>li*3>a
```

 展開後

```
<ul class="menu">
    <li><a href=""></a></li>
    <li><a href=""></a></li>
    <li><a href=""></a></li>
</ul>
```

覚えておくと便利な書き方

他にも記号を使った便利な書き方があります。最初はタグの展開からはじめ、少しずつ他の記述方法も試してみましょう。

記号	意味	記述例	展開後
.	クラス名の指定	p.text	`<p class="text"></p>`
#	ID名の指定	p#text	`<p id="text"></p>`
>	入れ子にする	ul>li	`<ul><li></li></ul>`
*	複数のタグを記述	p*3	`<p></p><p></p><p></p>`
+	同じ階層に記述	div+p	`<div></div><p></p>`
^	1つ上の階層に記述	ul>li^div	`<ul><li></li></ul><div></div>`
{}	テキストを挿入	p{テキスト}	`<p>テキスト</p>`
$	連番をつける	li.menu$*3	`<li class="menu1"></li><li class="menu2"></li><li class="menu3"></li>`

EmmetでCSSを記述する

CSSも同じように、CSSファイルを開いて省略記法で記述した後に tab キーを使ってコードを「展開」します。プロパティだけでなく、値も合わせて指定できます。CSSのプロパティはスペルが覚えにくいものも多いため、Emmetで記述することでタイプミスも少なくなります。

プロパティを入力する

プロパティは多くのものが頭文字1〜2文字入力するだけです。展開すると値を書く位置にテキストカーソルが置かれるので、そのまま入力を進められます。

入力時

```
m
```

展開後

```
margin: ;
```

「margin」や「padding」の場合、「top」、「right」、「bottom」、「left」と組み合わせて記述することも多いでしょう。その場合も頭文字を追加して入力するだけでOKです。

入力時

```
mb
```

展開後

```
margin-bottom: ;
```

値と組み合わせて入力する

プロパティと値を一緒に指定することもできます。

単位は何も記述しなければ「px」、パーセントなら「p」、「rem」なら「r」、「em」なら「e」というように、数値のあとに単位の頭文字を入力します。

記述例	展開後
w100	width: 100px;
w100p	width: 100%;
w100r	width: 100rem;
w100e	width: 100em;

プロパティによってはカラーコードも一緒に記述できます。

複数の値を入力する

複数の値を入力したいときは、半角スペースの代わりに「-（ハイフン）」で値を区切ります。

覚えておくと便利な書き方

CSSの場合はプロパティによって書き方が異なるので、HTMLに比べて扱いにくく感じるかもしれません。よく使うものから覚えていくとよいでしょう。

記述例	展開後
m	margin: ;
p	padding: ;
w	width: ;
h	height: ;
fz	font-size: ;
c	color: #000;
bg	background: #000;
bd	border: 1px solid #000;
df	display: flex;
ta	text-align: left;

Emmetの記述方法一覧

Emmetでは他にも様々な記述方法があります。公式サイトでは省略記法の一覧ページを用意しているので見てみるとよいでしょう。

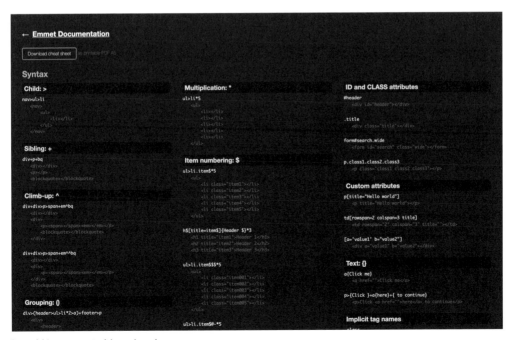

https://docs.emmet.io/cheat-sheet/

7-2
CHAPTER

calc関数で計算式を書く

要素のサイズを指定するとき、計算式を使いたい場面もあるでしょう。calc関数を使うとCSSで計算式の記述ができるようになります。

calc関数の使い方　▶ デモファイル　chapter7/02-demo1

　Calc関数の記述方法は簡単です！「calc」に続けてカッコの中に計算式を書くだけです。なお、演算子の前後には半角スペースが必要なので詰めて書かないよう注意しましょう。

📄 記述例

```
セレクター {
    プロパティ: calc( 計算式 );
}
```

使用できる演算子

演算子	意味
+	足し算
-	引き算
*	掛け算
/	割り算

📄 chapter7/02-demo1/style.css

```
div {
    background: #0bd;
    width: calc(100% / 3);
    height: 100px;
    padding: 16px;
}
```

半角スペースが必要

　例えば画面の1/3の幅にしたいときは右上のような記述になり、表示される画面は以下のようになります。

画面の1/3の幅

画面幅の1/3、つまり33.3333...%の幅になります。

違う単位を指定する ▶ デモファイル chapter7/02-demo2

異なる単位でも組み合わせて式を記述できます。

例えば要素の高さを全画面に表示させる「100vh」から、100pxだけ引いた値にしたい場合は「calc(100vh - 100px)」と指定します。

単位が違うと計算するのは困難なので、「calc」を使って自動的に最適な値を出すことができるのは便利です。

📄 chapter7/02-demo2/style.css

```css
div {
    background: #0bd;
    height: calc(100vh - 100px);
    padding: 16px;
}
```

全画面から100pxだけ引いた高さになります。

カスタムプロパティと組み合わせる ▶ デモファイル chapter7/02-demo3

カスタムプロパティに数値を定義する場合、単位も一緒に含めておく必要がありました。

しかし、場合によっては単位を含めたくないこともあるでしょう。そんなときはカスタムプロパティを呼び出す時に「calc」を使って単位を含めた「1」を掛け、カスタムプロパティの数値に単位を加えられます。

📄 chapter7/02-demo3/style.css

```css
div {
    --number: 500;
    width: calc(var(--number) * 1px);
    background: #0bd;
    padding: 16px;
}
```

> カスタムプロパティ 500を呼び出している

> 1pxをかけている

カスタムプロパティに単位が付き、widthは500pxの幅になります。

7-3
CHAPTER

Sassを使って効率を上げる

Sass（サス）はとっても簡単に言うと、CSSをもっと便利に・効率よく記述できる言語です。CSSに慣れてきたら、次のステップとしてSassを覚えると制作のスピードアップにつながります。

Sassとは

Sassは「Syntactically Awesome Style Sheets」略で、日本語にすると「構文的にすごくいいスタイルシート」です。

基本的な書き方はCSSと同じなので、「新しいプログラミング言語」というより「CSSの新しい装備品」といった内容でしょう。主な利用目的はCSSをより簡単に管理しやすくすることです。

Sassは一見難しく思えるかもしれませんが、慣れると「これなしではいられない！」とまで思えてしまうほど便利です。まずはどんなメリットがあるのか確認していきましょう。

Sassの拡張子

Sassファイルの拡張子は「.scss」または「.sass」です。

本書ではよりCSSに近い書き方である「.scss」形式で紹介します。HTMLは「.scss」形式のファイルを認識できないため、変換（コンパイル）してCSSファイルを作成します。

例えば「style.scss」のSassファイルを変換すると「style.css」のできあがりです。この変換の手順に戸惑う方も多いのですが、最近では便利なツールも増えたのでご安心ください。

Sass … https://sass-lang.com/
Sassの公式Webサイト。最新情報はこちらをチェックしましょう。

Sassを使うメリット

文章で解決するよりも実際にコードを見た方がわかりやすいでしょう。それではSassの主な変換例を見てみましょう。

セレクターの親子関係をネスト（入れ子）にできる

親セレクターを何度も記述しなくても、**ネスト（入れ子）**にすることで子セレクター管理も簡単にできます。これだけでコーディングの時間を短縮できます。

ブロックごとのまとまりも把握しやすくなり、メンテナンスも楽になります。

`Sass` Sass 入力時

```scss
.nav {
  padding: 10px;

  ul {
    list-style: none;

    a {
      color: #0bd;
    }
  }
}
```

→

`CSS` CSS 変換後

```css
.nav {
  padding: 10px;
}
.nav ul {
  list-style: none;
}
.nav ul a {
  color: #0bd;
}
```

> 何度も繰り返し使われている.navやulを記述する手間が省け、各要素の親子関係もわかりやすくなる

変数で値を使い回せる

何度も利用する値を変数として定義し、使い回せます。

CSSでもカスタムプロパティが変数の役割をしますが、CSSに比べて記述する記号も少ないため、記述ミスを防ぎやすく、より気軽に利用できます。

`Sass` Sass 入力時

```scss
$base-color: #ddd;
$main-color: #0bd;

body {
  background: $base-color;
}
a {
  color: $main-color;
}
```

→

`CSS` CSS 変換後

```css
body {
  background: #ddd;
}
a {
  color: #0bd;
}
```

> 変数を使うことで、一見すると何の色なのか判別しづらいカラーコードもわかりやすくなる

ファイルを分割して管理できる

コードが長くなると、1つのファイルで管理するのは困難です。

そこでWebページのパーツやページごとにファイルを分割して保存することで目的別に管理でき、修正作業もしやすくなります。

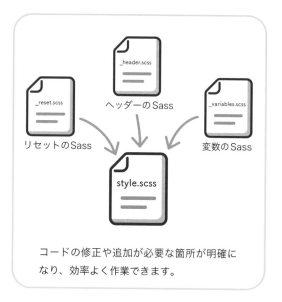

コードの修正や追加が必要な箇所が明確になり、効率よく作業できます。

7-4
CHAPTER

VSCodeでSassを利用する

Visual Studio Code、通称「VS Code」はMicrosoft製のテキストエディターです。デフォルトの状態でも制作に必要な機能が備わっていて、初心者でも扱いやすいと人気です。このVSCodeを使ってSassを使ってみましょう。

01 VSCodeをインストールする

VSCodeを使ってSassを使ってみます。何も難しいことはありません。

> 1. VSCodeをインストールする
> 2. 拡張機能のDartJS Sass Compiler and Sass Watcherをインストールする

という2ステップだけです。まずはVSCodeを公式サイトからダウンロードし、インストールしましょう。VSCodeはMac・Windowsともに無料で利用できます。

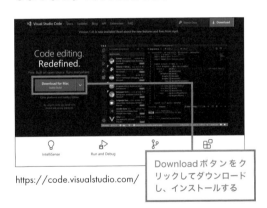

https://code.visualstudio.com/

Downloadボタンをクリックしてダウンロードし、インストールする

インストールが完了し、VSCodeを起動するとこのような画面が表示されます。

VSCodeを日本語化する

　インストールした状態ではメニューなどが英語で表示されるので、日本語の方が使いやすい場合は画面を日本語化しましょう。

　左側に表示されているメニューの一番下のアイコンをクリックし、拡張機能の追加画面を表示します。パネル上部にある検索ボックスから「Japanese」と入力すると、拡張機能「Japanese Language Pack for Visual Studio Code」が見つかります。クリックして「Install」ボタンからインストールしましょう。インストールが完了したらVSCodeを再起動すると、日本語の画面に切り替わります。

「Japanese Language Pack for Visual Studio Code」をインストールします。

VSCodeを再起動すると日本語の画面になりました。

02 拡張機能「DartJS Sass Compiler and Sass Watcher」をインストールする

「DartJS Sass Compiler and Sass Watcher」はSassのファイルを自動的にCSSファイルに変換してくれる拡張機能です。先程と同じ拡張機能のメニューから「DartJS Sass Compiler and Sass Watcher」を検索し、インストールしましょう。たったこれだけで準備は完了です。

Sassを使ってみよう

▶ デモファイル　chapter7/04-demo

まずは上部メニューの「ファイル」→「新規ファイル」からSassのファイルを新規作成します。ここでは「style.scss」というファイル名にして右のコードを記述し、任意の場所に保存しましょう。

📄 Sass　chapter7/04-demo/style.scss

```scss
$main-color: #0bd;

.nav {
  padding: 10px;

  a {
    color: $main-color;
  }
}
```

ここではデスクトップに「sass-test」フォルダーを作成し、その中に保存しました。

　保存すると、SCSSファイルと同じ階層にCSSファイルが作成されました。これで変換完了です。簡単にできました！

　作成された「style.css」を見てみると、変換後のCSSコードを確認できます。一度「DartJS Sass Compiler and Sass Watcher」をインストールしておくと、Sassの監視が始まり、以降はSassファイルを保存するたびに自動的にCSSファイルに変換されます。

style.scssと同じ階層にstyle.cssファイルが作成されています。

chapter7/04-demo/style.css

```css
.nav {
  padding: 10px;
}

.nav a {
  color: #0bd;
}
```

SCSSファイルとCSSファイルを左右に並べた様子です。

同じファイルに「style.min.css」というファイルも作成されています。これはインデントや改行、通常のコメントアウトをすべて除いたスタイルで生成されたCSSファイルです。ファイルの軽量化が見込めるため、実際にWebサイトに適用させるのはこちらの「.min.css」のついたファイルがおすすめです。

.css.map とは？

CSS に変換が完了すると、CSS ファイルとともに「.css.map」というファイルも作成されているのがわかります。開いてみてもなんだかよくわからないコードが並んでいます。

これは「ソースマップ」と呼ばれるファイルで、SCSS ファイルと CSS ファイルを紐付けるための記述がされています。このファイルがあれば、Chrome のデベロッパーツールなどで検証する際に、CSS ファイルを検証しても元の SCSS ファイルの何行目に記述されているといった情報を取得できるようになります。

なお、ソースマップファイルを誤って削除しても問題ありません。CSS に変換するとまた自動的に作成されます。

他のテキストエディターでSassを利用する方法

VSCode 以外のテキストエディターでも Sass の変換を補助してくれる拡張機能はあります。VSCode に比べて導入に少し手間がかかるかもしれませんが、各拡張機能の公式サイトを確認して設定してみるとよいでしょう。

エディター	拡張機能名	公式サイト
Atom	sass-autocompile	https://atom.io/packages/sass-autocompile
Nova	Sass Extension for Nova	https://extensions.panic.com/extensions/vinecode/vinecode.Sass

7-5
CHAPTER

ネストを使いこなす（Sassの便利な使い方①）

これまでの説明の通り、Sassの「ネスト」はセレクターの親子関係をまとめて指定できるので、コードを整理しやすくなります。このネストの使い方を工夫して、コードをより直感的にわかりやすく記述しましょう。

「&」をつけて親セレクターを参照する ▶ デモファイル chapter7/05-demo1

「&」を使うと、親セレクターに「つなげる」という意味になります。

セレクターに直接くっつける「:hover」などの疑似クラスや、「::after」などの疑似要素を記述するときに便利です。

書き方は親セレクターのカッコ内に、「&」とセレクターを続けて書きます。例えば親セレクターに「:hover」をつなげたい場合は「&:hover」と書きます。なお、「& :hover」のように半角スペースがあると適用されないので注意しましょう。

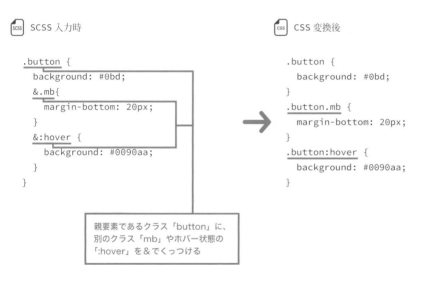

SCSS 入力時

```scss
.button {
  background: #0bd;
  &.mb{
    margin-bottom: 20px;
  }
  &:hover {
    background: #0090aa;
  }
}
```

CSS 変換後

```css
.button {
  background: #0bd;
}
.button.mb {
  margin-bottom: 20px;
}
.button:hover {
  background: #0090aa;
}
```

親要素であるクラス「button」に、別のクラス「mb」やホバー状態の「:hover」を&でくっつける

クラス名もネストにできる ▶ デモファイル chapter7/05-demo2

クラス名で親子関係を表現する場合でも、「&」でつなげて整理するとよいでしょう。

よく利用されるクラス名の構造として「親要素-子要素」のように、記号で区切ってわけているパターンがあります。例えば親要素に「post」、子要素に「post-title」といったクラス名を利用する場面です。どちらも「post」部分は共通なので、それ以降のクラス名を「&」でつなげられます。

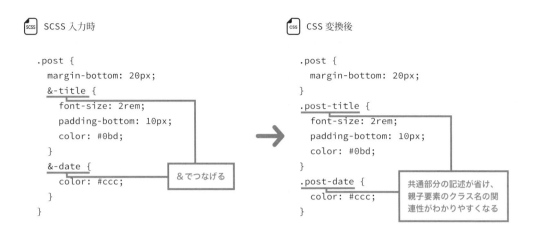

SCSS 入力時

```scss
.post {
  margin-bottom: 20px;
  &-title {
    font-size: 2rem;
    padding-bottom: 10px;
    color: #0bd;
  }
  &-date {
    color: #ccc;
  }
}
```

&でつなげる

CSS 変換後

```css
.post {
  margin-bottom: 20px;
}
.post-title {
  font-size: 2rem;
  padding-bottom: 10px;
  color: #0bd;
}
.post-date {
  color: #ccc;
}
```

共通部分の記述が省け、親子要素のクラス名の関連性がわかりやすくなる

プロパティ名もネストにできる ▶デモファイル chapter7/05-demo3

ネストで記述できるものはセレクターだけではありません。

「margin-bottom」のような「-（ハイフン）」で区切られたプロパティもカッコで区切ってネストで記述できます。「&」の記述は不要ですが、親となるプロパティには開始「{（カッコ）」の前に「:（コロン）」が必要です。なお、少し記述方法が特殊なので必ずしも利用する必要はありません。よく確認しながら書いていきましょう。

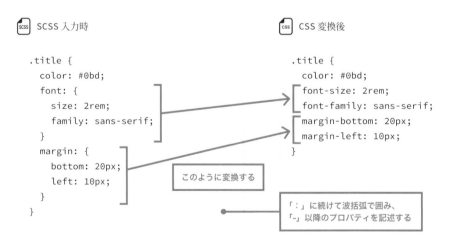

SCSS 入力時

```scss
.title {
  color: #0bd;
  font: {
    size: 2rem;
    family: sans-serif;
  }
  margin: {
    bottom: 20px;
    left: 10px;
  }
}
```

このように変換する

CSS 変換後

```css
.title {
  color: #0bd;
  font-size: 2rem;
  font-family: sans-serif;
  margin-bottom: 20px;
  margin-left: 10px;
}
```

「:」に続けて波括弧で囲み、「-」以降のプロパティを記述する

ネストのやりすぎに注意

　ネストはとても便利な記述方法ですが、やりすぎると階層が深くなり、見通しの悪いコードになってしまいます。特に「 } （閉じカッコ）」の数が多くなりすぎて、どれがどの閉じカッコなのかわかりづらくなります。カッコの位置や記述漏れにも繋がりかねません。無理にネストにする必要はないので、多くても3階層くらいまでにとどめておきましょう。

　また、どうしても階層が深くなってしまう場合は閉じカッコ付近に「これがどの閉じカッコなのか」コメントアウトを残しておくとよいでしょう。

 悪い例　　　　　　　　　　　　　 良い例　　　　　　　　　　　

```scss
.main-menu {
  margin: 10px;
  nav {
    background: #ddd;
    ul {
      display: flex;
      li {
        margin: 5px;
        a {
          color: #0bd;
          span {
            font-size: .85rem;
          }
        }
      }
    }
  }
}
```

閉じカッコが多く、どのセレクターの閉じカッコなのかわかりづらい

```scss
.main-menu {
  margin: 10px;
  nav {
    background: #ddd;
  }
  ul {
    display: flex;
  }
  li {
    margin: 5px;
  }
  a {
    color: #0bd;
  }
  span {
    font-size: 0.85rem;
  }
} // .main-menu
```

ネストを二階層までにとどめ、コメントアウトを入れている※

※ネストのコメントアウトについてはP.339の「Sassのコメントアウトの方法」を参照ください。

7-6
CHAPTER

パーシャルでファイルを分割する（Sassの便利な使い方②）

ページ数が多くなると、CSSが数千行にも及ぶことは多々あります。この長いコードを1つのファイルで管理すると、見通しが悪く修正箇所を探すのも困難です。目的・パーツごとに別のファイルに分けて管理しましょう。

パーシャルの基本　▶ デモファイル　chapter7/06-demo1

　分割されたファイルのことを「**パーシャル**」と言います。パーシャルファイルを作成するには、ファイル名を「_(アンダースコア)」とともに記述します。

　例えばヘッダー部分を別のファイルに保存するなら「_header.scss」を作成し、その中にヘッダーに使用するスタイルを記述します。

　作成したパーシャルファイルをメインで利用するSCSSファイルに読み込ませるときは、「@use 'パーシャルファイル名';」と記述します。この時このアンダースコアと拡張子は省略できます。このようにファイルを分割することで、修正が必要な箇所に迷うことなくアクセスできるようになります。

　例えばパーシャルファイルの「_header.scss」を「style.scss」に読み込むなら、以下のように記述します。

scss chapter7/06-demo1/_header.scss

```
/* _header.scss */
header {
    padding: 2rem;
    background: #000;
    h1 {
        font-size: 3rem;
    }
}
```

scss chapter7/06-demo1/style.scss

```
@use 'header';

/* style.scss */
.buttton {
  background: #0bd;
}
```

「_header.scss」を読み込む時は「_」と拡張子を省いて「'header'」のみでOK

```
/* _header.scss */
header {
  padding: 2rem;
  background: #000;
}
header h1 {
  font-size: 3rem;
}
```

_header.scssの内容

```
/* style.scss */
.buttton {
  background: #0bd;
}
```

style.scssの内容

フォルダーに分ける場合　▶デモファイル　chapter7/06-demo2

　分割するファイルが多くなったら、フォルダーごとに分けて管理するとよいでしょう。

　フォルダー名は「base」「pages」のようにわかりやすい名前でOKです。呼び出すときにフォルダー名も一緒に記述します。

ファイル構造の例

chapter7/06-demo2/base/_variables.scss

```
$main-color: #0bd;
$bg-color: #000;
```

chapter7/06-demo2/pages/_header.scss

```
header {
    padding: 2rem;
    h1 {
        font-size: 3rem;
    }
}
```

chapter7/06-demo2/pages/_footer.scss

```
footer {
    text-align: center;
}
```

```scss
@use 'base/variables';
@use 'pages/header';
@use 'pages/footer';

.buttton {
  background: variables.$main-color;
}
.item {
  background: variables.$bg-color;
}
```

フォルダー名も一
緒に記述。「_」と
拡張子は省略可能

css CSS 変換後

```css
header {
  padding: 2rem;
}
header h1 {
  font-size: 3rem;
}

footer {
  text-align: center;
}

.buttton {
  background: #0bd;
}

.item {
  background: #000;
}
```

pages/_header.
scssの内容

pages/_footer.
scssの内容

別のファイルに記述している変数を利用するとき
は記述方法に注意が必要です。単純に変数名を指
定するだけだと、うまく反映されません。
かならず「パーシャル名.変数名」という形で指
定しましょう。この例だと _variables.scss に
記述している $main-color を呼び出すために
「variables.$main-color」としています。

COLUMN

—

CSSのimportとの違い

　CSSでもファイルを分割し、「@import ファイル名」を指定してそれぞれを1つの
ファイルにまとめることは可能ですが、CSSの場合は分割したファイルの数だけ読み
込みが必要になり、Webページを表示するときに少し時間がかかってしまいます。
　SassのパーシャルはCSSに変換するときに1つのファイルにまとめて書き出され
るので、読み込むのは1つのファイルだけとなり、パフォーマンスに優れています。

COLUMN

—

「Prepros」でSassを利用する

　「Prepros」はコードのエディターではなく、純粋にファイルのコンパイルに特化したツールです。インターフェイスが分かりやすいので、Sassに慣れていない人でも手軽にSCSSからCSSへの変換が可能です。$29の有料ツールですが、無料で使い続けることもできます。macOS・Windows・Linux対応します。右のWebサイトの「Download Free Unlimited Trial」をクリックしてダウンロード・インストールしましょう。

https://prepros.io/

インストールが完了すると、上の画面が表示されます。ここにSCSSファイルをドロップします。

画面下の「Process File」ボタンをクリックすると変換できます。

7-7
CHAPTER

スタイルを使い回せるMixin（Sassの便利な使い方③）

「mixin」とは、スタイルを定義しておいて、必要な場所でそのスタイルを使い回せる機能です。「テンプレートを作っておく」ようなものとも言えます。何度も使うようなスタイルがあるなら、この機能を使うと便利です。

「mixin」の基本的な使い方　▶デモファイル　chapter7/07-demo1

　「@mixin」に続いてお好みの名前を記述し、カッコ内に使いまわしたいスタイルを書いて定義します。定義するだけでは何も反映されないので、実際に使いたいセレクターに対して「@include mixinの名前」で呼び出します。

　この例では「circle」というmixin名に幅や高さ、角丸のスタイルを記述しました。「80pxの正円を表現する」ためのスタイルです。

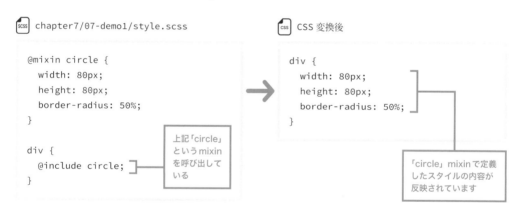

scss chapter7/07-demo1/style.scss

```scss
@mixin circle {
  width: 80px;
  height: 80px;
  border-radius: 50%;
}

div {
  @include circle;
}
```

上記「circle」というmixinを呼び出している

CSS CSS 変換後

```css
div {
  width: 80px;
  height: 80px;
  border-radius: 50%;
}
```

「circle」mixinで定義したスタイルの内容が反映されています

引数を使う　▶デモファイル　chapter7/07-demo2

　引数とは「引き渡される値」という意味です。「mixin」を定義するときに、プロパティに対する値が入る部分に任意の変数を置いておき、mixinを呼び出すときに値を記述することで変数に代入されます。…ちょっとわかりづらいですね。順を追って見ていきましょう。

　まずは「mixin」の定義です。このmixinは「サイズはわからないけれど正円を表現する」ためのスタイルをまとめています。「@mixin」に続けてmixinの名前を記述した後に、「()（丸カッコ）」を書きます。その中には任意の変数名を入れておきます。ここでは「$size」を用意しました。

「{}（波括弧）」の中にはスタイルを記述していきますが、幅と高さの値の部分に「$size」と書きます。この部分に、呼び出すときに指定する値が引き渡されます。

📄 chapter7/07-demo2/style.scss

```scss
@mixin circle($size) {
  width: $size;
  height: $size;
  border-radius: 50%;
}
```

任意の変数名

mixinを呼び出すときは「@include mixinの名前」でしたね。今回は引数があるので、呼び出すときに「()（括弧）」をつけ、その中に値を入れると、mixinで定義した「$size」の部分に値を当てはめて出力されます。

📄 chapter7/07-demo2/style.scss

```scss
div {
  @include circle(60px);
}
```

↓

この例では「60px」と記述したので、「60pxの正円を表現する」ためのスタイルに変換されました。

```scss
div {
  width: 60px;
  height: 60px;
  border-radius: 50%;
}
```

複数の引数を使う ▶ デモファイル chapter7/07-demo3

引数は「,（カンマ）」で区切って複数指定することもできます。呼び出すときもカッコ内にカンマで区切り、定義した引数と同じ順番で値を記述しましょう。この例では正円のサイズの他に、背景色を「$bg」を使って定義しています。

📄 chapter7/07-demo3/style.scss

```scss
@mixin circle($size, $bg) {
  width: $size;
  height: $size;
  background: $bg;
  border-radius: 50%;
}

div {
  @include circle(60px, #0bd);
}
```

→

📄 CSS 変換後

```css
div {
  width: 60px;
  height: 60px;
  background: #0bd;
  border-radius: 50%;
}
```

初期値の設定　▶ デモファイル　chapter7/07-demo4

　引数が定義されている場合は、呼び出すと
きに必ず引数の値を指定する必要がありまし
た。しかし、引数の後に「:（コロン）」で区
切り、初期値を書いておくこともできます。
初期値があれば、値の変更をする必要がない
場合、呼び出す時の記述を少し減らせます。

　定義するときは「@mixin mixinの名前（変
数名：初期値）」という形になります。ここで
は80pxを初期値として定義しました。

[scss] chapter7/07-demo4/style.scss

```scss
@mixin circle($size:80px) {
  width: $size;
  height: $size;
  border-radius: 50%;
}
```

　呼び出す時は「()（括弧）」を書かないで、mixinの名前だけを書くと初期値が呼び出されます。
「()（括弧）」内に値を入れればその値が呼び出されます。

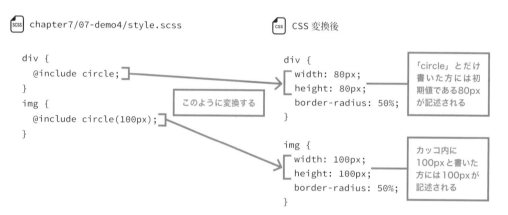

[scss] chapter7/07-demo4/style.scss

```scss
div {
  @include circle;
}
img {
  @include circle(100px);
}
```

このように変換する

[css] CSS 変換後

```css
div {
  width: 80px;
  height: 80px;
  border-radius: 50%;
}

img {
  width: 100px;
  height: 100px;
  border-radius: 50%;
}
```

「circle」とだけ
書いた方には初
期値である80px
が記述される

カッコ内に
100pxと書いた
方には100pxが
記述される

カスタマイズ例：テキストのグラデーションカラー　▶ デモファイル　chapter7/07-demo5

　P.231で紹介したテキストのグラデーションカラーを「mixin」で使いまわしできるよう設定
してみましょう。「gradient-title」というmixinに2つの引数を用意しました。それぞれ異なる
カラーコードを当てはめて、グラデーションを作成します。

　「post-title」クラスには呼び出すときに引数の指定をしていないので、デフォルトの
「#4db1ec」から「#b473bf」のグラデーションになります。「about-title」クラスの方は引数
で2つのカラーコードを記述しているので、「#ff9f67」と「#ffd673」のグラデーションにな
ります。

　このように複数のスタイルをまとめ、さらに要素によって値が少し違う場合には「mixin」が
大活躍してくれます。

chapter1

chapter2

chapter3

chapter4

chapter5

chapter6

chapter7

chapter8

📄 chapter7/07-demo5/style.scss

```scss
@mixin gradient-title($color1: #4db1ec, $color2: #b473bf) {
  background: linear-gradient($color1, $color2);
  -webkit-background-clip: text;
  background-clip: text;
  -webkit-text-fill-color: transparent;
  text-fill-color: transparent;
}

.post-title {
  @include gradient-title;
}
.about-title {
  @include gradient-title(#ff9f67, #ffd673);
}
```

📄 CSS 変換後

```css
.post-title {
  background: linear-gradient(#4db1ec, #b473bf);
  -webkit-background-clip: text;
  background-clip: text;
  -webkit-text-fill-color: transparent;
  text-fill-color: transparent;
}

.about-title {
  background: linear-gradient(#ff9f67, #ffd673);
  -webkit-background-clip: text;
  background-clip: text;
  -webkit-text-fill-color: transparent;
  text-fill-color: transparent;
}
```

カスタマイズ例：セレクターごとに メディアクエリーを呼び出す

▶ デモファイル　chapter7/07-demo6

　引数を使うと呼び出すときに値を設定できますが、値だけではなく、プロパティも含めたブロックごと引き渡すことができます。そのためには「mixin」を定義するときに、ブロックを入れたい場所に「@content」と記述します。

　呼び出すときには「{}（波括弧）」の中に「プロパティ：値;」を記述します。これでよりカスタマイズ性のある「mixin」のできあがりです。

　この仕組みは、メディアクエリーと組み合わせてると便利です。同じセレクターに対して画面幅によってスタイルが変わるときに適用するとよいでしょう。

scss chapter7/07-demo6/style.scss

```scss
@mixin desktop {
  @media (min-width: 600px) {
    @content;
  }
}

h2 {
  font-size: 2rem;
  @include desktop {
    font-size: 5rem;
  }
}
```

CSS 変換後

```css
h2 {
  font-size: 2rem;
}

@media (min-width: 600px) {
  h2 {
    font-size: 5rem;
  }
}
```

> 「@content」の中に指定したセレクターと「font-size: 5rem;」が加わっている

サイトの投稿と問題解決

—

独学で一番困るのは、直面した問題を自分一人で解決で
きないこと、解決に時間がかかってしまうことです。そ
ういった困難な戦いを少しでも楽にできるよう、本章で
はよくある問題の解決方法を紹介します。

8-1

CHAPTER

チェックリスト一覧

Webサイトの制作中に、なぜかうまく表示されないことはよくあります。最初のうちは簡単なミスを見落としがちです。このチェックリストでは筆者がWebサイト制作を教えている生徒から実際によく質問される項目をまとめています。まずはこれらのリストを確認し、何がエラーの原因なのか、1つひとつ解決していきましょう。

HTML/CSS

☐ 記述したコードが反映されない

- ☐ ファイルは保存されていますか？
- ☐ 作業中のファイルとプレビューしているファイルは同じものですか？

☐ よくわからないけど表示が変になっている

- ☐ 正しいタグや属性の記述になっていますか？
- ☐ リファレンスサイトを確認しましょう：
  HTML 要素リファレンス | MDN https://developer.mozilla.org/ja/docs/Web/HTML/Element
- ☐ 開始タグと閉じタグの数は一致していますか？
- ☐ 閉じタグは正しい場所に記述されていますか？
- ☐ HTMLの文法エラーがないかチェックしましょう（P.336参照）。

☐ CSSが適用されない

- ☐ HTMLでCSSファイルを読み込む指定はしていますか？
- ☐ CSSファイルへのファイルパスは合っていますか？

☐ 特定の箇所のCSSが適用されない

- ☐ HTMLで指定したクラス名やタグ名と、CSSのセレクター名は一致していますか？
- ☐ クラス名やタグ名、セレクター名にスペルミスはありませんか？
- ☐ 値の後に「;（セミコロン）」は記述していますか？
- ☐ 正しいプロパティ、値の記述になっていますか？
  リファレンスサイトも確認しましょう：
  CSS リファレンス | MDN https://developer.mozilla.org/ja/docs/Web/CSS/Reference

☐ 画像が表示されない

- ☐ 画像のファイルパスは合っていますか？
- ☐ 指定している画像の拡張子は合っていますか？
- ☐ 画像は正常に保存されていますか？
  ＊画像ファイル自体が破損している可能性もあります。

☐ プレビューで見ると謎の余白がある

☐ デベロッパーツールで余白がある部分を検証しましょう。「margin」や「padding」など、余白の指定が適用されていませんか？

☐ HTMLファイルに全角スペースが混ざっていませんか？
＊テキストエディターの画面で ⌘ ＋ F （Windowsなら Ctrl ＋ F ）キーで文字検索ができます。ここに全角スペースを入力すると発見できます。

JavaScript

☐ 記述したコードが反映されない

☐ ファイルは保存されていますか？

☐ HTMLでJavaScriptファイルを読み込む指定はしていますか？

☐ JavaScriptファイルへのファイルパスは合っていますか？

☐ コードにスペルミスはありませんか？

☐ JavaScriptファイルに全角スペースが混ざっていませんか？
＊テキストエディターの画面で ⌘ ＋ F （Windowsなら Ctrl ＋ F ）キーで文字検索ができます。ここに全角スペースを入力すると発見できます。

☐ デベロッパーツールでJavaScriptのエラーがないかチェックしましょう（P.340参照）。

☐ デベロッパーツールでエラーは出ていないのに反映されない

☐ JavaScriptファイルで指定しているクラス名やタグ名と、HTMLのクラス名やタグ名は一致していますか？

Sass

☐ 記述したコードが反映されない

☐ ファイルは保存されていますか？

☐ CSSに変換されていますか？

☐ CSSに変換できない

☐ VSCodeの拡張機能「DartJS Sass Compiler and Sass Watcher」を使っている場合は「Watch Sass」ボタンをクリックしていますか？

☐ コードにスペルミスはありませんか？

☐ 「}（閉じカッコ）」の数はあっていますか？

☐ 正しいプロパティ、値の記述になっていますか？
リファレンスサイトも確認しましょう。
CSSリファレンス | MDN https://developer.mozilla.org/ja/docs/Web/CSS/Reference

☐ エラーが表示された場合は指示に従って修正しましょう（P.341参照）。

☐ エラーが出ていないのにCSSに変換できない

☐ VSCodeや、利用している変換ツールを再起動しましょう。ツール側の問題かもしれません。

☐ エディターや拡張機能を最新版にアップデートしましょう。

☐ 変換したCSSがプレビューで反映されていない

☐ 変換したCSSファイルの保存場所と、HTMLで読み込みの指定をしているCSSのファイルパスは一致していますか？

8-2
CHAPTER

エラーメッセージを読み解く

Webサイトが意図した表示ではないときは、エラーをチェックできるツールも利用しましょう。ここではよくあるエラーメッセージの意味と、解決方法を紹介します。

HTML

HTMLの文法は「Nu Html Checker」で確認できます。テキストエリアにHTMLコードをすべてコピー&ペーストし、「Check」ボタンをクリックします。

赤い「Error」がついた場所は修正する必要があります。

https://validator.w3.org/nu/#textarea

エラーが出た様子 →

なお、エラーメッセージに書かれている内容はそっけなく、最初のうちはわかりづらく感じるかもしれません。

以下に代表的なエラーとその解決方法を記載しておきます。参考にしてみましょう。

Start tag seen without seeing a doctype first. Expected <!DOCTYPE html>

原因 Doctype宣言がない。

解決方法 HTMLファイルの1行目に<!doctype html>を記述する。

An img element must have an alt attribute, except under certain conditions.

原因 <img>タグにalt属性の記述がない。

解決方法 <img>タグに「alt=""」を追加する。

Duplicate ID ○○

原 因 id名が重複している。

解決方法 ● それぞれ異なるid名にする。
● id名ではなくクラス名で指定する。

Unclosed element ○○

原 因 閉じタグの必要なタグに閉じタグがない。

解決方法 指摘されている箇所に閉じタグを追加する。

○○ is obsolete. Use CSS instead.

原 因 属性に「border」や「align」など、HTML5の規格では非推奨とされているスタイルに関する記述がある。

解決方法 CSSファイルに必要なスタイルを記述する。

No space between attributes.

原 因 属性の間にスペースがない（例：<img src="cat.jpg"alt="猫">）。

解決方法 属性と属性の間に半角スペースを入れる（例：<img src="cat.jpg" alt="猫">）。

Duplicate attribute ○○

原 因 1つのタグに対して属性が重複している（例：<h2 class="title" class="mb">）。

解決方法 属性を1つにまとめる（例：<h2 class="title mb">）。

Element ○○ not allowed as child of element ▲▲ in this context.

原 因 親要素の中に指定してはいけない子要素が記述されている。

解決方法 HTMLの文法を見直して、正しいタグに修正する。

Element ○○ is missing a required instance of child element ▲▲.

原 因 必須のタグが記述されていない。

解決方法 HTMLの文法を見直して、必要なタグを追加する。

CSS

CSSの文法も、HTMLと同じく「Nu Html Checker」で確認できます。テキストエリアの上の「CSS」にチェックを入れ、テキストエリアにCSSコードをコピー＆ペーストして確認しましょう。「Check」ボタンをクリックします。赤い「Error」がついた場所は修正する必要があります。

「CSS」にチェックを入れます。

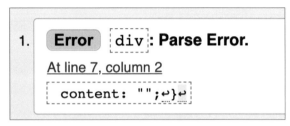

エラーが出た様子です。

以下に代表的なエラーとその解決方法を記載しておきます。参考にしてみましょう。

Parse Error.

原因
● 指摘されている部分、またはその前のブロックにカッコ（「 { 」または「 } 」）がない。
● 「：（コロン）」がない。
● 値がない。
● 記号が全角になっている。

解決方法
● カッコやコロン、値など、不足しているものを追加する。
● 記号を半角にする。

Missing a semicolon before the property name ○○.

原因 指摘されている箇所、またはその前の値の後に「；（セミコロン）」がない。

解決方法 「；（セミコロン）」を追加する。

Property ○○ doesn't exist.

原因 プロパティ名が間違っている。

解決方法 正しいプロパティ名を記述する。

○○ is not a ▲▲ value.

原因 値の記述方法が間違っている。

解決方法 正しい値を記述する。

You must put a unit after your number.

原因 単位が記述されていない。

解決方法 0以外の数値には単位が必要。「px」や「%」、「rem」など、適切な単位を記述する。

@import are not allowed after any valid statement other than @charset and @import.

原因 「@import」の記述が適切な場所に記述されていない。

解決方法 「@import」をCSSファイルの1行目に記述する。

COLUMN

—

Sassのコメントアウトの方法

SCSSファイルでコメントアウトを記述する方法は2通りあります。

複数行のコメントアウトには、CSSと同様に「/*」と「*/」で囲みます。1行だけのコメントアウトであれば、「// (スラッシュ2つ)」に続けてコメントを記述します。

通常、CSSに変換されるときに1行コメントアウトは引き継がれず、CSSファイルでは見えなくなります。CSSファイルでも表示させたいコメントアウトは、複数行コメントアウトで記述しましょう。

記述例

```
/*
  複数行にまたぐ
  コメントアウトが記述できます
*/

// 1行だけのコメントアウト
```

JavaScript

JavaScriptのエラーはChromeのデベロッパーツールで確認ができます。ページを右クリックして「検証」を選択し、デベロッパーツールを起動しましょう。エラーがある場合は画面右上に赤いバツ印がつき、「Console」タブから詳細を表示できます。

エラーがなければ、「Console」タブには何も表示されません。

▶ ◯	top ▼	◉	Filter	Default levels ▼	◎ 1 ⚙ ⋮ ✕

```
⊗ ▶ Uncaught ReferenceError: AS is not defined          script.js:11
     at script.js:11
>
```

エラーが出た様子。右端にエラーが出ているファイル名と行数も表示されます。

net::ERR_FILE_NOT_FOUND

原因 読み込んでいるファイルが存在しない。

解決方法
- 指定しているファイルパスを修正する。
- 保存しているファイル名と読み込みの指定をしているファイル名が一致するか確認する。
- ファイル名にスペルミスがないか確認する。

Uncaught ReferenceError: ◯◯ is not defined

原因 指摘されている箇所の記述が間違っている。

解決方法
- スペルミスがないか確認する。
- 全角英数字で書いている場合は半角英数字に修正する。
- 余計なスペースが混ざっていないか確認する。

Uncaught SyntaxError: Unexpected token '◯◯'

原因
- 「；（セミコロン）」やカッコなど、必要な記号が記述されていない。
- 記号が全角で記述されている。

解決方法
- 不足している記号を追加する。
- 半角で記述する。

Sass

SCSSファイルからCSSファイルに変換するときにエラーが出てうまく変換されないことがあります。多くの場合はCSSの記述ミスです。

VSCodeのテキストエディターを使う場合は、画面下の「問題」タブでエラーメッセージを閲覧できます。

エラーがある場合は「問題」のタブで表示されます。

VS Codeで「問題」の画面が表示されていない場合は、上部メニューの「表示」→「問題」をクリックして表示させます。

○○ expected

原因 必要な記号が記述されていない。

解決方法 指摘されている記号を追加する。

property value expected

原因 値が記述されていない。

解決方法 正しい値を記述する。

string literal expected

原因 文字列を「"（クォーテーションマーク）」で囲んでいない。

解決方法 パーシャルファイルを読み込むときなどの文字列を「'（シングルクォーテーション）」または「"（ダブルクォーテーション）」で囲む。

Unknown property: ○○

原因 プロパティ名が間違っている。

解決方法 正しいプロパティ名を記述する。

8-3

CHAPTER

制作に関する質問ができるサイト

セルフチェックをしたり、検索しても問題がどうにも解決できなかった…というときは、質問サイトで聞いてみるのも1つの手です。ただし質問する際はマナーを守って利用しましょう。

質問するときに心がけたいこと

質問する前に、まずは**15分は自分で解決を試みてください**。自力で問題解決することで、今後のスキルアップにもつながります。15分以上かかっても解決しない場合はQ&Aサイトを利用して質問してみましょう。

回答しやすい質問文を書く

回答する人が答えやすいように、今直面している問題の詳しい情報を伝えましょう。スムーズに解決できるだけでなく、正しい理解にもつながります。まずは、

● 何が問題なのか。　　● 何がわかっていて何がわからないか。　　● 何を試したか。

を簡潔にまとめて投稿しましょう。また、以下のテンプレートも活用してみてください。

　　Webサイトの制作中に発生した問題で困っています。原因または解決策をご存じの方はいらっしゃいませんか？ このサイトでも関連するワードで検索しましたが、解決できませんでした。よろしくお願いします。

● **何を実現したいのか**
　　例：デスクトップサイズでdivの横幅を500pxにしたい。

● **発生している問題、エラーの内容**
　　例：メディアクエリーが適用されない（該当箇所のコード貼り付け）。

● **試したこと、調べたこと**
　　例：デベロッパーツールで確認すると、メディアクエリー内のコードに打ち消し線があった。スペルミスはなく、CSSの文法チェックでも問題はなかった。

● **補足情報（スクリーンショット画像、ブラウザーのバージョンなど）**
　　例：Chrome、Safariで確認済み。どちらも適用されていなかった（モバイルサイズとデスクトップサイズのスクリーンショット画像を添付）。

回答者へ感謝を忘れずに伝える

回答者はあなたの質問を閲覧し、無償で解決しようとしてくれています。教えてもらえることが当然と思わないようにしましょう。

質問は具体的かつ明確に書いていますか？ 攻撃的な文体になっていませんか？ たとえ回答内容で解決しなかった場合でも、自分の悩みに時間を割いてくれたことに感謝し、お礼を伝えましょう。

問題が解決したら報告する

回答者へのお礼はもちろん、解決した旨を報告することで、今後同じ問題が発生した人へのアドバイスになります。回答者にとっても解決するまでの流れを見ることで勉強にもなります。質問を投げっぱなしにしないよう心がけましょう。

質問サイト

以上を理解した上で、質問サイトへ投稿しましょう。日本では2つの人気の質問サイトがあります。

Stack Overflow

世界中で人気のプログラマー向け質問サイトの日本語版です。Web制作向けだけではなく、多くのプログラミング言語に対応しています。なお、投稿数は海外版（https://stackoverflow.com/）の方が圧倒的に多いので、英語に苦手意識のない方はそちらを利用するとよいでしょう。

https://ja.stackoverflow.com/

teratail

質問の仕方がわからない人の為に、質問のテンプレートが用意されています。

また、初心者マークをつけることも可能です。経験の浅い方でも安心して利用できます。

https://teratail.com/

ギャラリーサイトに投稿する

デザインの参考になるのはもちろん、見ているだけで楽しくなるのがWebデザインのギャラリーサイトです。

ここに皆さんの作ったWebサイトもぜひ掲載の申請をしてみましょう！

もちろんサイト管理者のチェックが入るため、登録したサイトが全て掲載されるわけではありません。また、スクリーンショット画像は掲載決定時にサイト管理者が用意するパターンと、登録時にこちらで用意しておくパターンがあります。こちらで用意する場合はサイズやファイル形式の指定があると思うので、注意事項をよく読んで準備しましょう。

■ 国内サイト

イケサイ

老舗の国内ギャラリーサイト。ホーム右上の「イケサイ申請」から申請できます。

https://www.ikesai.com/

S5-Style

国内外の美しいWebサイトを集めています。右上の「Submit」から申請します。

https://bm.s5-style.com/

.SG_BOOKMARK

クールな印象のギャラリーサイト。上部メニューの「SUBMIT」から申請します。

http://bookmark.dot-sg.com/

海外サイト

The Best Designs

世界中で人気のギャラリーサイト。上部メニューの「Submit」から申請可能。申請にはユーザー登録が必要です。

https://www.thebestdesigns.com/

CSS Winner

右上の「SUBMIT SITE」から申請します。申請には$9必要ですが、掲載されなかった場合は返金されます。

https://www.csswinner.com/

CSSline

フッターの「Submit a site」をクリックしてTwitter経由で気軽に申請できます。

https://cssline.com/

INDEX
索引

DESIGN TIPS INDEX

デザイン制作のヒントになる索引